DEUTSCHE AKADEMIE DER WISSENSCHAFTEN ZU BERLIN
VORTRÄGE UND SCHRIFTEN

HEFT 88

EBERHARD LEIBNITZ

DIE ENTSTEHUNG DER FOSSILEN BRENNSTOFFE AUS DER SICHT DES CHEMIKERS

Mit 4 Abbildungen und 1 Tabelle

AKADEMIE-VERLAG · BERLIN
1964

Vortrag,
gehalten in der Plenarsitzung
der Deutschen Akademie der Wissenschaften zu Berlin
am 30. Januar 1964

Erschienen im Akademie-Verlag GmbH, Berlin W 8, Leipziger Straße 3—4

Lizenznummer: 202 · 100/424/64
Gesamtherstellung: VEB Druckerei „Thomas Müntzer" Bad Langensalza
Bestellnummer: 2003/88 · 20 F 2/3 · Preis DM 4,50

EINLEITUNG

Schon in der zweiten Hälfte des 18. Jahrhunderts haben vor allem von Beroldingen und Deluc darauf hingewiesen, daß die bis dahin allgemein anerkannten Grundsätze über die Mineralien zumindest für die fossilen Brennstoffe einiger Korrekturen bedürfen. Für Torf, Braunkohlen und Steinkohlen konnten die von den Genannten geforderten Grundsätze, nämlich den offenkundigen Zusammenhängen mit der lebenden Pflanzenwelt nachzugehen, bald verwirklicht werden. Beim Erdöl sollte sich diese Frage als wesentlich schwieriger erweisen. Sie ist auch heute nur in ihren Prinzipien geklärt.

Die weiteren Arbeiten zur Frage der Herkunft und Genese der fossilen Brennstoffe verliefen in sehr unterschiedlichen Disziplinen der wissenschaftlichen Forschung.

Zunächst war der Geologe unmittelbar angesprochen. Die von der Geologie geförderte und ständig — auch heute noch — erweiterte Sammlung von Petrefakten aller Art verhalf den Teilgebieten der naturwissenschaftlichen Forschung, die heute als *Paläontologie* mit dem Teilgebiet der *Paläobotanik* betrieben werden, zur allgemeinen Anerkennung als spezielle Gebiete der naturwissenschaftlichen Grundlagenforschung. Ihre Ergebnisse müssen daher im nachfolgenden in Erscheinung treten.

Daneben zeigten sich zunehmende Bemühungen, die Geotektonik einzubeziehen, da sich zunächst die vereinfachte Arbeitshypothese anbot, daß eine Sonderform der Pyrolyse unter Druck der Hauptfaktor bei der Bildung der Kohlen gewesen sei, vor allem, weil die zunehmende Erkundung von

Lagerstätten durch die Geologie ergab, daß besonders die Steinkohlen praktisch nur in gestörten Gebirgen vorkommen. Daß bei solchen Vorgängen ungewöhnlich große Kräfte ausgelöst und dabei zeitweilig unter extremen Drucken extreme Temperaturen wirksam werden, die vielfach durch benachbarte Magmainfiltrationen direkt nachgewiesen werden konnten, unterstützte eine solche Betrachtung.

Seit Beginn dieses Jahrhunderts läßt sich aber eine weitere Etappe nachzeichnen. Seit dieser Zeit ist die Kohle keineswegs nur Energieträger. Ihre zunehmende Verwendung in der Schwarz- und Buntmetallurgie und die Tatsache, daß einer solchen praktisch immer die Verkokung vorausgehen muß, bei der wiederum die Art des entstehenden Kokses für seine spätere Verwendung entscheidende Bedeutung hat, führte zu der Fragestellung, welche chemische Zusammensetzung denn eine Kohle haben muß, um diesen Bedingungen gerecht zu werden. Hieraus ergab sich eine intensive Forschung auf dem Gebiet der Zusammensetzung der fossilen Brennstoffe, eine Forschung, die selbstverständlich auch heute noch weiter geführt wird. Die unterschiedlichen Ergebnisse, die hierbei gesammelt werden konnten, leiteten auch von chemischer Sicht zur Frage der Genese über.

Hieraus ergibt sich ein Bild, das nachfolgend in den Hauptzügen in gedrängter Form wiedergegeben werden soll, wobei sicher noch nicht alle Einzelheiten geklärt werden konnten, jedoch die wesentlichsten Ergebnisse sich zu einem logisch zusammenhängenden Mosaik sammeln lassen, welches insgesamt einen brauchbaren Wegweiser für die chemische und technische Nutzung der fossilen Brennstoffe darstellt, vor allem, wenn die fortschreitende Nutzung des Erdöls für Chemieproduktion für die weitere Nutzung der Kohlen zu neuen Überlegungen zwingt.

1. Die fossilen Brennstoffe

Die klassischen fossilen Brennstoffe sind streng genommen nur die verschiedenartigen Kohlen, für die POTONIÉ den Oberbegriff „Kaustobiolithe" geschaffen hatte, um in einem Namen gleichzeitig die Brennbarkeit, die Herkunft aus der belebten Welt und den gesteinsartigen Charakter zu vereinen.

Weiter gefaßt gehört auch der Torf in diese Gruppe, wenn auch die meisten Vorkommen — noch immer unter einer Decke von lebenden Pflanzen anzutreffen — rezenten Charakter haben.

Während beim Torf fast immer eine Klassifizierung nach der Pflanzengemeinschaft möglich ist, aus der er sich gebildet hat, bietet sich bei den Kohlen eine einfache Einteilung nicht mehr an.

Ohne auf Einzelheiten einzugehen, mögen die international keineswegs abgestimmten Klassifizierungen hier nur im Prinzip erwähnt werden. Sie gehen einmal von Merkmalen der technologischen Weiterverwendung (z. B. Heizwert, Aschegehalt, Wassergehalt, Gehalt an flüchtigen Folgeprodukten der Pyrolyse usw.), das andere Mal von petrographischen Merkmalen aus. Insbesondere die erste Art der Klassifizierung enthält fast beliebig viele Möglichkeiten der Überschneidung. Auf einige charakteristische Züge der zweiten Art wird nachfolgend noch kurz einzugehen sein.

Vom Chemiker aus gesehen ist die Frage wesentlich interessanter, durch welche gemeinsamen Bestandteile oder welche gemeinsamen Individuen im chemischen Sinne bzw. durch welche charakteristischen Unterschiede die einzelnen fossilen Brennstoffe gekennzeichnet werden können.

1.1. Die Elementar-Zusammensetzung

Seit LIEBIG ist zumindest die organische Substanz der fossilen Brennstoffe einer ausreichend angenäherten Bestimmung der in ihr enthaltenen Elemente zugänglich. Diese sagt aus, daß außer den für organisches Leben charakteristischen Elementen Kohlenstoff, Wasserstoff, Sauerstoff und Stickstoff nur Schwefel vorhanden ist; bei letzterem ist meist an der vorhandenen Menge erkennbar, daß er nur bedingt dem Primärmaterial entstammt.

Immerhin ist durchaus signifikant, daß praktisch mit Ausnahme des Torfes bei den Kaustobiolithen im engeren Sinne der Kohlenstoffgehalt gegenüber dem der lebenden Pflanzenwelt deutlich angehoben ist. H. APFELBECK hat schon versucht, eine Systematik der Kohlen in einem Dreieckskoordinatensystem nach den Komponenten Kohlenstoff-Wasserstoff-Fremdelemente zu schaffen.

Für eine solche Betrachtung bietet sich heute die in Abb. 1 wiedergegebene vereinfachte Darstellung des C/H-Verhältnisses an. In einem rechtwinkligen Koordinatensystem mit aufsteigenden Wasserstoffgehalten auf der Ordinate und absteigenden Kohlenstoffgehalten auf der Abszisse bildet die Diagonale eine Grenzlinie, auf der sich alle Kohlenwasserstoffe finden müssen. Die obere Begrenzung eines solchen Diagramms bildet also das Methan. Im Raum unterhalb der Diagonalen ergeben sich dann nach den analytisch bestimmten C- und H-Gehalten Felder, in denen sich gehäuft die Werte für Steinkohlen, Braunkohlen, Torf und Erdöl ergeben. Der bedeutende Unterschied zwischen dem Erdöl und den Kaustobiolithen ist offenkundig. Die Kaustobiolithe fügen sich, dicht bei der Kohlenstoffecke beginnend, in ein schmales Band ein, welches über den Torf zur lebenden Pflanzenwelt fortschreitet, sich hierbei immer mehr von der Kohlenwasserstofflinie entfernt und gleichzeitig von rechts nach links die Anreicherung des Elementes Kohlenstoff deutlich zeigt. Bekanntlich wird hierin geradezu ein Maß für den „Inkohlungsgrad“ gefunden.

Die flüssigen Bitumina sind zum Teil schon reine Kohlenwasserstoffgemische. Scheinbar bestehen kaum noch Zusammenhänge zu den festen Brennstoffen.

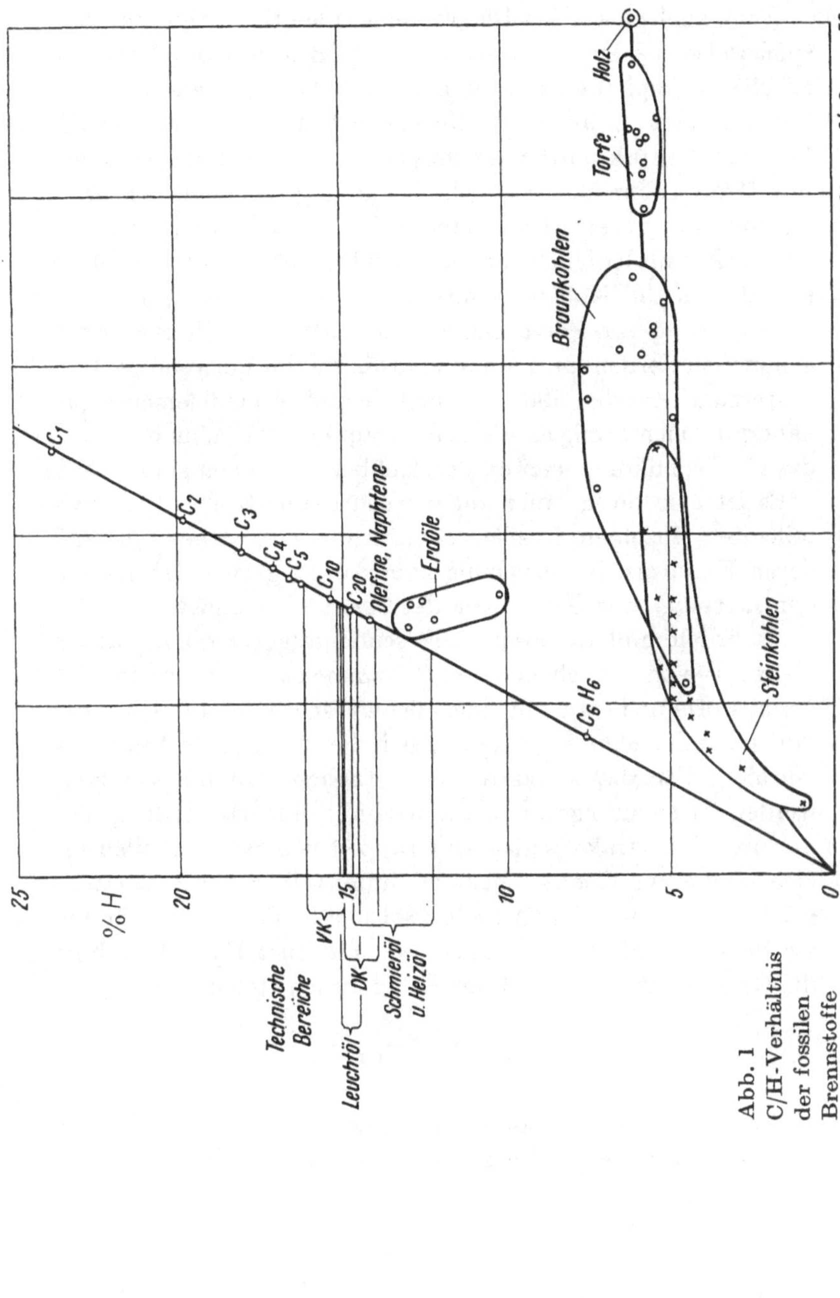

Abb. 1
C/H-Verhältnis
der fossilen
Brennstoffe

Wenn auch ein solches Diagramm sehr deutlich zeigt, daß beispielsweise die Überführung von Kohlen in erdölähnliche Gemische prinzipiell einen sehr beträchtlichen Wasserstoffbetrag fordert, nicht nur um die Fehlbilanz zu decken, sondern auch die Fremdelemente zu entfernen, die ja dann nur als Hydrierprodukte auftreten können, so ist doch offenkundig, daß eine solche Darstellung für unser Thema eine völlig ungenügende Aussage macht. Es fällt lediglich auf, daß auch hier schon die Steinkohlen so nahe an die Kohlenwasserstofflinie heranrücken, daß eine Anreicherung von Polycyclen mit aromatischem Charakter angenommen werden muß, wenn man die fraglos notwendige Voraussetzung macht, daß Wasserstoff und Fremdelemente annähernd gleichförmig an die Kohlenstoffgerüste gebunden sind, die als Grundkomponenten der Kohlen anzusehen sind.

Es ist also nötig, kurz auf die charakteristischen Bestandteile der einzelnen fossilen Brennstoffe einzugehen, da erst deren Kenntnis, in Beziehung zum Ausgangsmaterial gesetzt, den Leitfaden zur Genese von der Chemie her bildet.

Natürlich muß an dieser Stelle schon gesagt werden, daß die Kenntnis von der chemischen Zusammensetzung der fossilen Brennstoffe nach wie vor ungenügend ist und den Gegenstand laufender Forschungen bildet. Auch die ständige Verbesserung der hierbei angewendeten Arbeitsmethoden kann nicht erörtert werden. Demzufolge kann die nachfolgende Darstellung sich nur auf die charakteristischen Gruppen von Bestandteilen beziehen, die zur Genese entweder unmittelbar etwas aussagen oder aber so gewichtige Anteile des betreffenden fossilen Brennstoffes sind, daß ihr Vorhandensein mit einer Hypothese über die Genese auf keinen Fall im Widerspruch stehen darf.

1.2. Der Torf

Erst wurde schon darauf hingewiesen, daß sich der Torf in der Regel unter einer Decke lebender Pflanzen findet. Deren

Degradation wird uns in einem späteren Kapitel noch gesondert beschäftigen. Es kann hier aber schon festgestellt werden, daß die Bildung der Torflagerstätten geradezu das Experimentalbeispiel für die Verfolgung des Zersetzungsprozesses von abgestorbenen Pflanzen darstellt. Demzufolge wird auf einzelne Merkmale dieses Zerfalls auch mit Beispielen aus dem Torfvorkommen noch näher eingegangen.

Als fast rezentes oder sogar eindeutig rezentes Material enthält der Torf vielerlei Relikte aus den Pflanzen, aus denen er sich gebildet hat, so Gerüstkohlehydrate, Lignine, Wachse, Harze usw., deren Herkunft im einzelnen direkt auf das Ausgangsmaterial zurückgeführt werden kann. Daneben treten aber schon hier neue Stoffgruppen auf, die sich ganz allgemein durch sauren Charakter, Bildung kolloidlöslicher Alkalisalze, Gehalt an Methoxylgruppen und verschiedene Molmassen kennzeichnen. Es handelt sich um die sog. *Huminsäuren*, über die noch einiges ausgesagt wird.

Der Zerfall des Primärmaterials zu Torf ist weiterhin offensichtlich an das Vorhandensein von Wasser als Substrat gebunden und vollzieht sich so, daß der Torf als Kolloid mit stark hydrophilen Eigenschaften entsteht. Die Hydrophilie ist so ausgeprägt, daß die Entwässerung des Torfes technisch auch heute noch ein ungelöstes Problem ist. Zwar finden sich Parallelen zwischen dem Wassergehalt des Torfes und seinem Alter. Jedoch geht man kaum fehl, wenn man den Torf als ein Hydrokolloid mit kaum mehr als 15 Gew. Tl. Trockensubstanz charakterisiert, wobei die Mehrzahl der Torfe diesen Gehalt an Trockensubstanz nicht erreicht.

1.3. Die Braunkohlen

Eine kurzgefaßte Beschreibung der Braunkohlen macht schon größere Schwierigkeiten.

Sie muß mit der Tatsache beginnen, daß die Braunkohlen petrographisch sehr uneinheitlich sind, so uneinheitlich — auch innerhalb einer Lagerstätte, geschweige denn im Vergleich verschiedener Lagerstätten —, daß allein zur hinreichend eindeutigen Zuordnung zur Klasse der Braunkohlen chemische Teste mit herangezogen werden. Solche sind z. B. die Bildung tiefbraun gefärbter Lösungen bei Einwirkung von Alkalien, z. T. erst bei höheren Temperaturen, die Bildung tiefrot gefärbter Nitrierungsprodukte bei Einwirkung von konzentrierter Salpetersäure, die in dieser in Lösung gehen, und die Bildung fettsaurer Wässer bei der Pyrolyse. Diese Merkmale gelten allerdings fast gleichförmig, unabhängig vom geologischen Alter der Braunkohlen, die vor allem im Bereich des älteren Karbons bis zum Tertiär angetroffen werden.

Über die Gruppenanalyse der Braunkohlen ist viel gearbeitet worden; die vielfältigen Untersuchungen mögen hier zusammengefaßt werden:

Wiederum vom geologischen Alter unabhängig, ist die Braunkohle gleichfalls ein hydrophiles Kolloid mit 30 bis 60% Wasser. Gegenüber dem Torf hat dieses Kolloid aber die Struktur eines Xerogels, wie vor allem aus der Art der Wasserabgabe abgeleitet werden kann.

Alle Braunkohlen enthalten Stoffe, die in organischen Lösungsmitteln unterschiedlicher Art mehr oder weniger leicht löslich sind und extrahiert werden können. Diese Stoffgruppe trägt bei allen Kaustobiolithen den keineswegs exakten Namen des *Bitumens* der betreffenden Kohle. Seine Menge und seine chemische Zusammensetzung schwankt verständlicherweise nach der Art des Lösungsmittels und nach den experimentellen Bedingungen der Extraktion, wobei Umsetzungen zwischen dem Lösungsmittel und der Kohlesubstanz durchaus eingreifen können. Wird aber unter milden Bedingungen extrahiert, so daß hinreichende Berechtigung zu der Annahme besteht, daß die extrahierte Substanz im gleichen Zustand vorliegt wie in der Kohle (wobei eine Entquellung des Xerogels wohl immer zwingende Voraussetzung ist), so zeigt die Zusammensetzung eines solchen Bitumens in der Regel markante Beziehungen zu dem biologischen Ausgangsmaterial. Diese gehen soweit, daß man fast ohne Bedenken die Summe der im Bitumen enthaltenen Stoffe als fossilierte Harze und Wachse aus der biologischen Primärmaterie ansprechen kann, die sich bei der Fossilierung nicht wesentlich verändert haben. Die Menge des extrahierbaren Bitumens ist sehr unterschiedlich, ebenso das Vorherrschen eines Wachs- und Harzcharakters. Es ist bekannt, daß für verschiedene Braunkohlenvorkommen in Europa und den USA der Wachscharakter so dominierend ist, daß solche Wachse industriell gewonnen und verschiedenen Raffinationsvorgängen unterworfen werden. Es ist hier nicht uninteressant, darauf hinzuweisen, daß ein langer wissenschaftlicher Meinungsstreit über die Kettenlänge der im Montanwachs enthaltenen Fettsäuren zur Genese der Braunkohlen insofern in Beziehung steht, als das gehäufte Vorkommen von ungeradzahligen Fettsäuren deren sekundäre Bildung nahegelegt hätte. Praktisch kommen aber nach neuesten Ergebnissen nur geradzahlige Kettenlängen vor.

Wiederum nach Lagerstätte und Alter verschieden, enthalten die Braunkohlen auch andere fossilierte Bestandteile des Primärmaterials, also Gerüstkohlehydrate und Lignin. Ein stärkerer Anteil an solchen Resten der Primärsubstanz kennzeichnet diese Kohlen und erteilt ihnen die Namen *Lignite* oder *Xylite*.

Den Hauptanteil der Braunkohlen bilden aber braune bis schwarze Substanzen, die nur noch bedingt durch Form und Struktur die Herkunft aus der Pflanze anzeigen, die Träger der kolloiden Eigenschaften der Braunkohlen und entweder direkt in Alkali löslich sind oder durch längere Behandlung mit Alkalien in Lösung gebracht werden können. Die Lösung der Alkaliverbindungen dieser Substanzen hat gleichfalls kolloide Eigenschaften und zeigt damit schon den hochmolekularen Charakter dieser Stoffgruppe an. Je nach der Löslichkeit in Alkalien werden weitgehend willkürliche Unterschiede zwischen sog. *Huminsäuren* (Stoffe, die relativ leicht in schwachen und starken Alkalien löslich sind) und *Huminen* (Stoffe, die erst unter verseifenden Bedingungen in Lösung gehen) gemacht. Als gemeinsames Kennzeichen kann festgehalten werden, daß Carboxylgruppen oder phenolische Hydroxylgruppen direkt oder latent vorhanden sein müssen, die die Bildung von Alkalisalzen ermöglichen. Weiterhin ist diese Stoffgruppe durch das Vorhandensein von Methoxylgruppen gekennzeichnet.

Bei den Braunkohlen tritt nun eine weitere Stoffgruppe in Erscheinung, die auch für ihre Genese entscheidende Bedeutung haben dürfte: die an die Kohlesubstanz gebundenen anorganischen Bestandteile. Alle Lagerstätten fossiler Brennstoffe enthalten mineralische Bestandteile, die insgesamt unter dem Sammelnamen *Asche* erfaßt werden. Ein Teil dieser ist offenkundiger Fremdbestandteil und durch äußere Einwirkungen in die Lagerstätte gelangt, ein weiterer Teil ist fast immer als sekundäre Bildung aus Grundwasserinfiltrationen identifizierbar. Diese beiden Anteile interessieren hier nur bedingt. Nur derjenige Anteil, der an die Kohlesubstanz gebunden ist, besitzt im Zusammenhang mit der Entstehung der Braunkohlen Bedeutung. Die Bindungsform ist offenbar salzartig. Es handelt sich vorzugsweise um Ca-, Mg-, Al-Fe(II)- und Fe(III)-Ionen.

Petrographisch sind die Braunkohlen zwar äußerst uneinheitlich. Dennoch lassen sich fast immer aus dem Charakter der Lagerstätte, in ihr enthaltenen strukturierten Anteilen und Fossilien Rückschlüsse auf eine limnische oder terrestrische Bildung, einen autochthonen oder allochthonen Charakter ziehen. In einigen Fällen ist der Bitumenanteil so stark angereichert, daß solchen Kohlen ein besonderer Name, *Pyropissit*, gegeben wird.

1.4. Die Steinkohlen

Auch hier ist eine einheitliche Beschreibung bzw. eine Zuordnung allein nach petrographischen Gesichtspunkten nur schwierig möglich. Demzufolge wird auch hier das Verhalten gegenüber Testchemikalien mit zu Rate gezogen. Am sichersten läßt sich eine Zuordnung zu den Steinkohlen immer dann als gegeben ansehen, wenn man das Fehlen aller typischen Reaktionen der Braunkohlen als Kennzeichen ansieht. Es ergeben sich also keine stark gefärbten Nitrierungsprodukte mit Salpetersäure, sondern typische Oxydationsprodukte; es fehlen Substanzen, die mit dunkler Farbe in Alkalien löslich sind. Schließlich sind die Zersetzungswässer der Pyrolyse alkalisch, und zwar ammoniakalisch. (Allerdings ist es dann schwierig, die sog. BOGHEAD- und CANNEL-Kohlen eindeutig einzuordnen.)

Eine zusammenfassende und vereinfachende Beschreibung der Steinkohlen wird durch einen weiteren Umstand besonders erschwert: Sind die Braunkohlen entweder gleichförmig oder sehr uneinheitlich, so kann man bei ihnen dennoch kaum von deutlich verschiedenen *petrographischen* Bestandteilen sprechen. Die Steinkohlen bestehen aber aus mindestens drei sehr charakteristisch voneinander unterscheidbaren petrographischen Bestandteilen, nämlich dem

Durit = Mattkohle,
dem Vitrit oder Clarit = Glanzkohle
und dem Fusit = Faserkohle.

Diese drei Bestandteile kommen immer miteinander so vergesellschaftet vor, daß sie sich in ein und derselben Lagerstätte in deutlich, meist schon visuell wahrnehmbarer Schichtung finden (Streifenkohlen). Dabei kann Purit oder Vitrit (Clarit) vorherrschen. Fusit ist fast immer in geringerer Menge vertreten.

Wenn auch der biologischen Herkunft der Steinkohlen durch eine hinreichende Anzahl von fossilierten Strukturbestandteilen der Pflanzen fast lückenlos nachgegangen werden kann, die dabei gefundene Pflanzengemeinschaft sogar für die Entstehung und das Vorkommen von Steinkohlen weitgehend typisch ist, so leitet eine solche Feststellung doch noch keineswegs zu der auffälligen Streifenstruktur über, die die Forschung seit der Entdeckung und Nutzung der Steinkohlen beschäftigt.

Schon hier sei darauf hingewiesen, daß gerade diese Frage bei einer Behandlung der Genese der Steinkohlen im Mittelpunkt steht, da eine Hypothese über die Steinkohlenbildung eine einleuchtende Erklärung für die Streifenbildung einschließen muß.

Während die Einwirkung von Lösungsmitteln auf Braunkohlen viele Aufschlüsse über die Genese der dabei extrahierten Substanzen und damit auf die Entstehung der Kohle selbst zu geben vermag, ist dies bei den Steinkohlen keineswegs der Fall.

Zusammenfassend kann man sagen, daß von den Steinkohlen unter milden Bedingungen nur geringe Substanzmengen an organische Lösungsmittel abgegeben werden, aber auch, daß solche Extraktionen keine scharfe Grenze haben. Bei hinreichender Dauer des Extraktionsvorganges lassen sich immer größere Mengen der Kohlesubstanz in Lösung überführen. Bei schärferen Extraktionsbedingungen, sowohl durch Änderung des Lösungsmittels als auch der Temperatur, lassen sich sehr große Mengen der Kohlesubstanz lösen. Es gibt aber nur wenig Unterschiede zwischen den charakteristischen Kennzahlen der Ausgangskohle und den gelösten Bestandteilen, es sei denn, daß der gesteinsartige Charakter nach dem Lösungsvorgang verschwunden ist. Durit und Vitrit zeigen keine bedeutsamen Unterschiede gegenüber den in Frage kommenden Lösungsversuchen, während der Fusit kaum lösliche Bestandteile enthält. Es fällt jedoch auf, daß die Fremdelemente Stickstoff und z. T. auch Schwefel fast ganz in den Extrakt übergehen, während die Sauerstoffanteile in der sog. Restkohle verbleiben. Diese verändert im allgemeinen auch ihre Farbe und nähert sich in ihrer Elementarzusammensetzung und in ihrer Beschaffenheit zunehmend der analogen Restkohle aus alten Braunkohlen.

Während bei den Braunkohlen die mineralischen Bestandteile z. T. charakteristisch salzartig an die Kohlesubstanz gebunden sind, dürfte dies bei der Steinkohle nur gering der Fall sein. Es liegt vielmehr nahe, daß die Asche sekundären Ursprunges ist. Sofern nicht direkt zu erkennen ist, daß es sich um Bestandteile des umgebenden Gesteins handelt, kann vielfach festgestellt werden, daß es sich um Umwandlungsprodukte aus infiltrierten Mineralien handelt, wobei vor allem die Sulfide des Eisens sekundäre Bildungen sein dürften. Dagegen ist interessant, daß die Spurenelemente mancherlei Hinweise auf das Primärmaterial zulassen.

Eine Besonderheit der Steinkohlen, zumindest eines besonders großen Teiles dieser Kohlen, muß hier noch zur Sprache kommen, nicht nur, weil es sich hierbei um eine der wichtigsten technischen Eigenschaften handelt, sondern wiederum, weil eine Hypothese über die Entstehung dieser Kohlen eine sinnvolle Erklärung auch hierfür enthalten muß. Gemeint ist die Tatsache, daß die meisten Steinkohlen einen *Schmelz-* bzw. *Erweichungspunkt* haben, der bei der Verkokung eine wichtige Rolle spielt. Eine solche Phase der Erweichung bis zum echten Schmelzfluß durchläuft eine Braunkohle niemals. Sie ist auch beim Torf nicht bekannt. Vielmehr zeigen sich hier schon Eigenschaften, die offenbar für die eigentlichen Kaustobiolithe nicht ohne weiteres selbstverständlich sind. Für unsere Betrachtungen zur Entstehung der Steinkohlen wird dabei wichtig sein, daß diese Eigenschaft nicht bei allen Kohlen gleichartig ausgeprägt ist, daß sich ferner sogar die einzelnen petrographischen Bestandteile der Streifenkohlen verschieden verhalten und daß z. B. der Fusit sicher unschmelzbar ist.

Die verschiedenen Steinkohlenlager zeigen fast einheitlich, daß es sich um limnische Bildungen handelt. Ob und wieweit dabei Sedimentationserscheinungen, vor allem an der Streifenbildung beteiligt sind, wird später nochmals erörtert werden.

1.5. Das Erdöl

Bereits oben wurde das Erdöl sozusagen als nicht zu den klassischen fossilen Brennstoffen zugehörig bezeichnet. Schon eine stark vereinfachte Kurzbeschreibung zeigt die charakteristischen Unterschiede. Erdöl erweist sich stets als ein Gemisch aus gasförmigen, flüssigen und festen, aber fast unzersetzt schmelzbaren Kohlenwasserstoffen oder ihnen sehr nahe stehenden Verbindungen. Als Heteroelement ist im wesentlichen nur Schwefel vertreten. Daneben ist Stickstoff noch deutlich betont, während Sauerstoff sehr in den Hintergrund tritt. In wenigen Fällen, in denen seine Anwesenheit deutlich in Erscheinung tritt, ist er fast ausschließlich in Carbonylgruppen enthalten. Andere Sauerstoffverbindungen sind äußerst selten.

Erdöl findet sich immer in sog. Speichergesteinen, die einen sehr unterschiedlichen Charakter haben können. Sind die Öltröpfchen allseitig von Gestein umschlossen, liegt also der Typ des sog. *Ölschiefers* vor, so hat man meist mit einem autochthonen Vorkommen zu rechnen. Ist aber das Speichergestein von durchgehenden Poren durchsetzt, so dürfte die heutige Fundstätte praktisch immer das Ergebnis einer umfassenden Migration sein, wobei das heute aufgefundene und geförderte Material auf keinen Fall mit dem Urprodukt vor der Migration identisch ist.

Alle Erdöle enthalten auch an die organische Substanz gebundene Metalle. Diese Bindungsform ist typisch und enthält fraglos eindeutige Hinweise auf die Genese.

Es gibt weiterhin eine Reihe von Übergängen zu festen bis halbfesten Stoffen, die diesem Typ von fossilen Brennstoffen nahestehen, sich aber von den eigentlichen Erdölen durch die fast völlige Abwesenheit niederer Kohlenwasserstoffe deutlich unterscheiden, die sog. *Bitumina.* Diese hätte POTONIÉ fraglos auch zu den Kaustobiolithen gezählt. Sie unterscheiden sich aber noch immer rein äußerlich von den Kohlen dadurch, daß sie praktisch keinen Gesteinscharakter haben und, sofern sie nicht sogar kaltplastisch sind, schon bei mäßigen Temperaturen bis maximal 330° ohne deutliche Zersetzungserscheinungen erweichen oder schmelzen. Bei den Steinkohlen ist aber ein solcher Prozeß nicht ohne eine tiefgreifende Destruktion der Kohlesubstanz möglich.

2. Das pflanzliche Ausgangsmaterial

Über die chemische Natur der wichtigsten Komponenten, die von den Pflanzen als Ausgangsmaterial für die Bildung der fossilen Brennstoffe beigestellt werden, sind einige Bemerkun-

Tabelle 1

Bezeichnung	Proteine %	Fette Wachse Harze %	Cellulose- und Gerüst-kohlehydrate %	Lignin %
Algen	20–30	20–30	10–20	0
Laubmoose	15–20	8–10	30–40	10
Farne	10–15	3– 5	40–50	20–30
Schachtelhalme	10–15	3– 5	40–50	20–30
Bärlappe	10–15	3– 5	40–50	20–30
Koniferen	1–10	1– 2	über 50	30
Laubbäume	1–10	1– 3	über 50	30
Gräser	5–10	5–10	50	20–30

gen notwendig, die sich natürlich nur auf solche Eigenschaften beschränken, die für die Bildung der Brennstoffe interessant erscheinen.

Die Tab. 1 zeigt die wichtigsten Stoffgruppen und ihren durchschnittlichen Anteil an der pflanzlichen Substanz im Zusammenhang mit den entsprechenden Gruppen von Pflanzen.

Man erkennt, daß mit zunehmender Organisationshöhe der Pflanze die Gerüstbestandteile stark gegenüber den Zellinhaltsstoffen überwiegen, während dies bei den niederen Pflanzen in das Gegenteil umschlägt.

Von den einzelnen Stoffgruppen ist in gedrängtester Kürze noch folgendes anzumerken:

2.1. Die Proteine

Das pflanzliche Eiweiß ist nicht einheitlich zusammengesetzt. Bei niederen Pflanzen überwiegen andere Aminosäuren als bei höheren Pflanzen, wobei vor allem Bakterien charakteristische Abweichungen aufweisen. Die Hydrolisierbarkeit der verschiedenen pflanzlichen Proteine zeigt charakteristische Unterschiede. Sie hängt aber keineswegs nur von der chemischen Zusammensetzung, sondern auch von dem jeweiligen Quellungszustand des betreffenden Proteins ab. Nach einer starken Austrocknung ist fast immer eine langwierige Quellung eine notwendige Voraussetzung für eine Hydrolyse. Weiterhin ist charakteristisch, daß die Hydrolyse durch Fermente ungleich schneller erfolgt als etwa durch Säuren oder Alkalien.

2.2. Die Kohlehydrate

Diese kommen grundsätzlich in zwei verschiedenen Formen vor, nämlich als Reservekohlehydrate, sowohl als Oligo- wie auch als Polysaccharide. Charakteristisch ist für diese Form das Auftreten von *Zuckern* und *Stärke*. Weit bedeutsamer sind die Gerüstkohlehydrate in Form von *Cellulose* und *Holzpolyosen*.

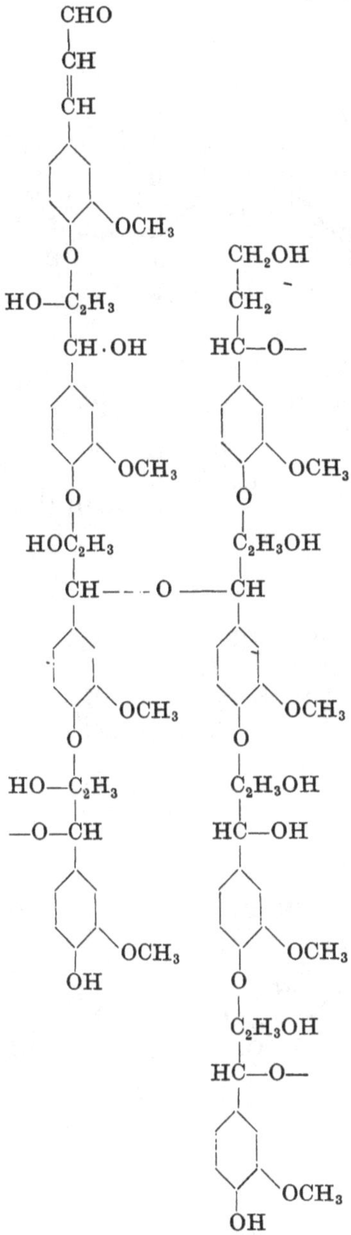

Die umseitig wiedergegebene Formel der Cellulose beschreibt den Charakter dieser Gruppe ausreichend. Dabei handelt es sich um Substanzen mit erheblicher chemischer Resistenz. Auch polymerhomologe Umsetzungen an diesen sind nur unter künstlichen Reaktionsbedingungen möglich.

Für ihr Verhalten bei biochemischen Umsetzungen ist der Kohlehydratcharakter entscheidend, wobei auch das von Pflanze zu Pflanze unterschiedliche Molekulargewicht eine Rolle spielt. Daneben ist aber offenbar auch entscheidend, an welcher Stelle der Pflanze und in welcher Raumform die Ablagerung der Gerüststoffe erfolgt ist.

2.3. Die Lignine

Bei dieser Stoffklasse handelt es sich auch um Gerüstbildner. Es ist sicher, daß die Zusammensetzung der Lignine von Pflanze zu Pflanze wesentlich stärkeren Schwankungen unterworfen ist als die der Gerüstkohlehydrate. Da aber die charakteristische Beteiligung des Lignins und seiner Folgeprodukte am Aufbau der Kohlen noch behandelt wer-

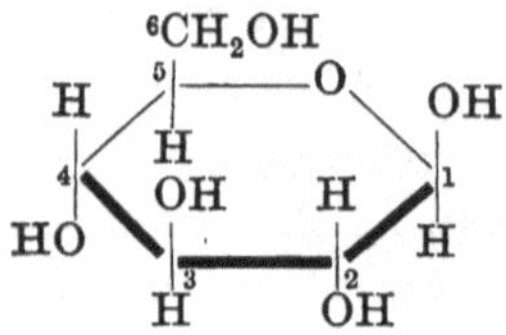

I β-Glukose

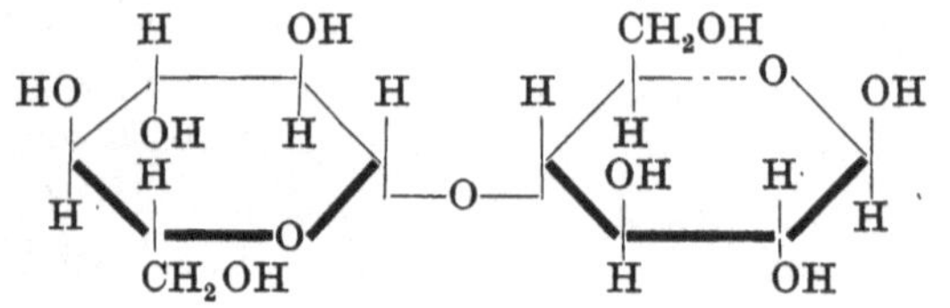

II. β-Cellobiose

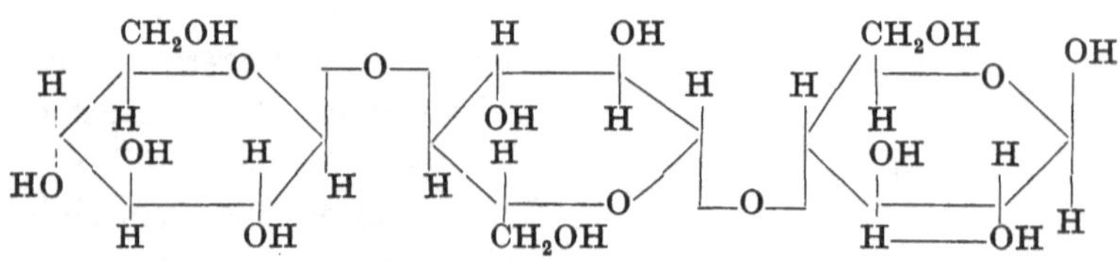

Cellotriose

III

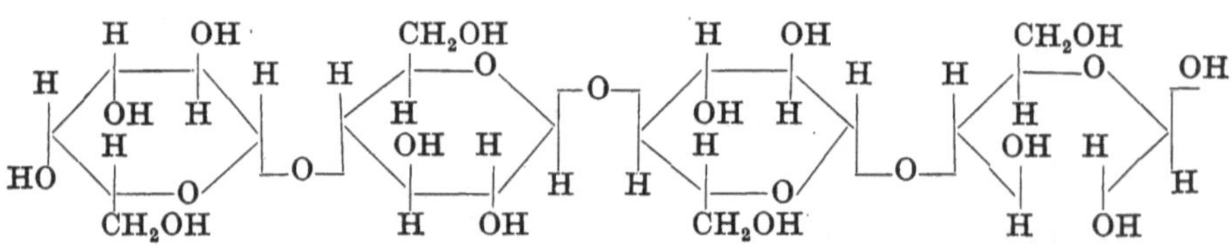

Cellotetraose

IV

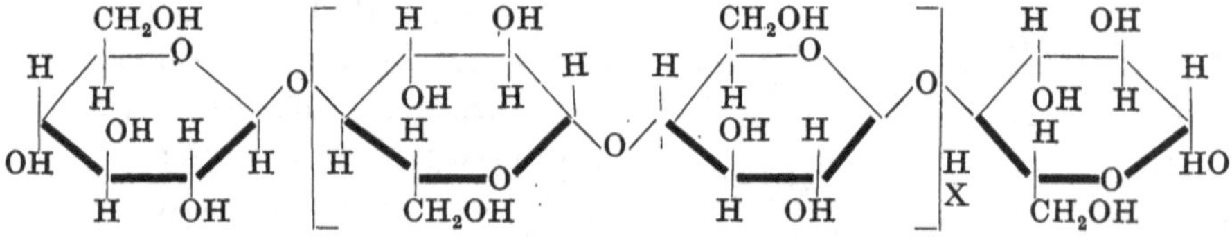

V Cellulose

den muß, sei das heutige Schema über die Zusammensetzung der Lignine in einigen Formelbildern wiedergegeben.

Sie zeigen wesentliche Abweichungen von den beiden anderen Stoffklassen. Hierbei ist vor allem auf den aromatischen Charakter der Lignine hinzuweisen. Weiterhin ist das Vorhandensein der Methoxylgruppen ein solches Charakteristikum, daß ihr Auftreten in den fossilen Brennstoffen für die Beteiligung des Lignins als signifikant angesehen werden muß.

Chemisch sind die Lignine einer Reihe von Umsetzungen zugänglich, die sich als Salzbildung an den phenolischen Hydroxylgruppen oder als typische Substitutionen am aromatischen Ring kennzeichnen lassen.

Aber auch biologische Reaktionen verändern das Lignin nicht nur umfassend, sondern offensichtlich auch sehr schnell.

2.4. Wachse und Harze

Obwohl es sich hierbei um Stoffgruppen handelt, deren Auftreten in den Pflanzen für die Bildung der Kohlesubstanz große Bedeutung hat, soll hier auf Angaben im einzelnen verzichtet werden. Er handelt sich fast niemals um makromolekulare Stoffe, wenn auch häufig große Moleküle vorliegen.

Chemischen Umsetzungen sind diese Stoffe nur schwer zugänglich, auch biochemischen, wie sich später noch zeigen wird, aber auch schon beim Bitumen der Braunkohle beschrieben wurde.

3. Der biologische Abbau von pflanzlichem Material

Die ersten hypothetischen Vorstellungen über die Bildung der Kaustobiolithe waren noch stark davon beeinflußt, daß sich bei Verkohlung von Holz in der Retorte Substanzen bilden, die zumindest äußerlich und in der Elementarzusammensetzung den Kohlen durchaus ähnlich waren. Da sich auch die

Vorstellung von der katastrophenähnlichen Vernichtung jedes Erdzeitalters nur langsam korrigieren ließ, ist es verständlich, daß zunächst fast alle Überlegungen von einer thermischen Zersetzung praktisch rezenten Pflanzenmaterials ausgingen.

Aber schon in der zweiten Hälfte des vergangenen Jahrhunderts wurden solche Vorstellungen praktisch völlig verworfen, obwohl nur sehr langsam Vorstellungen von der Leistungsfähigkeit biologischer Umsetzungen gewonnen werden konnten. Dieser Vorgang ist auch heute noch nicht abgeschlossen. Es ist sicher nicht uninteressant, an dieser Stelle zu erwähnen, daß sich gerade heute erst theoretische Betrachtungen über den Ablauf biologischer Reaktionen durchsetzen, die mit der Definition von stationären Zuständen unsere Vorstellungen über die biologischen Leistungen nochmals um Größenordnungen vermehren.

Dabei setzte sich zunehmend die Meinung durch, daß die riesigen Lager von Kaustobiolithen das Ergebnis von Ansammlungen pflanzlichen Materials über mehr als 10^6 Jahren sein müssen. Hierbei half die Auffindung von autochthonen Lagerstätten mit sog. Stubbenhorizonten bedeutend, da man an den z. T. sehr gut erhaltenen Stämmen Jahresringe auszuzählen vermochte, wobei die erstaunliche Feststellung gemacht werden mußte, daß die größten Stämme selbst schon Lebensdauern von 10^3 bis 10^4 Jahren ausweisen konnten. Dies und ein zunehmendes Studium der Moore wiesen eindeutig darauf hin, daß die eigentliche Bildung der Kohlen erst einsetzt, wenn das rezente pflanzliche Material einer tiefgreifenden primären Umwandlung unterworfen worden ist, die wiederum biologischen Charakter hat.

Wenn sich auch das experimentelle Material über Modellfälle immer noch vermehrt, so kann aber doch schon insgesamt gesagt werden, daß solche Untersuchungen nur charakteristische Einzelerscheinungen bei der Degradation pflanzlichen

Materials erklären, die Degradation als solche aber nur sehr bedingt abbilden können. Das gleichzeitige Vorhandensein der oben angegebenen Stoffgruppen hat auf den Verlauf des primären biologischen Abbaus einen bedeutenden Einfluß, indem schon durch das gleichzeitige Auftreten von Substraten, die sich biologisch sehr unterschiedlich verhalten, eine Mikropopulation erzwungen wird, die in ihrer Gesamtwirkung anders reagiert.

Zusätzlich hat die Form, in der die verschiedenen Stoffgruppen in abgestorbenem Pflanzenmaterial angeboten werden, großen Einfluß. Die Resistenz gegen die Degradation ist also nicht nur von der chemischen Natur der betreffenden Stoffgruppe, sondern auch von ihrer physikalischen Struktur stark abhängig. So zeigt sich als Erfahrungsregel, daß niedere Pflanzen einer wesentlich schnelleren biologischen Transformation zugänglich sind als etwa höhere Gefäßpflanzen.

Die Degradationsvorgänge sind natürlich alle durch unterschiedliche Fermente eingeleitet. Doch diese sind wiederum das Stoffwechselprodukt einer parasitär auf den toten Pflanzen lebenden Mikroflora. Früher hat man kaum Vorstellungen davon gehabt, ob die damit verbundene Neuproduktion von Zellmaterial mengenmäßig überhaupt an der Bildung der Kaustobiolithe beteiligt sein kann. Heute hat sich dieses Bild von Grund auf durch andere Erkenntnisse gewandelt. Es mag hier daran erinnert werden, daß allein die Wasserreinigung durch Belebtschlammverfahren aller Art Feststoffmengen in einer solchen Menge beistellt, daß ein ständiger Anreiz zu deren Verwendung gegeben ist.

Wenn daher im folgenden auch in Stoffgruppen den charakteristischen Merkmalen der spontanen biologischen Umwandlung nachgegangen wird, so muß erneut die Einschränkung gemacht werden, daß dabei nur die signifikanten Merkmale beschrieben werden können.

3.1. Das Verhalten der Cellulose und der mit ihr verwandten Polysaccharide

Mit dem Verhalten dieser Stoffgruppe wird deswegen begonnen, weil sie fast immer den mengenmäßig größten Anteil des Pflanzenmaterials bildet.

Die bekannten und von verschiedenen Mikroorganismen eingeleiteten Gärungsvorgänge der Monosaccharide sind so bekannt, daß an sie nur erinnert zu werden braucht. Diese Tatsache charakterisiert aber auch das Verhalten der Polysaccharide, einschließlich der Cellulose. So ist allgemein bekannt, daß hier neben dem CO_2 als Gärungsprodukte auch CH_4 und H_2 auftreten. Dabei nimmt die Menge der Kohlenwasserstoffe und des Wasserstoffs zu, je deutlicher die Zersetzung unter anaeroben Bedingungen verläuft. Wenn auch Reinkulturen für verschiedene Zersetzungsvorgänge gewonnen werden konnten, so dürfte doch bei einer spontanen Infektion immer eine multivalente Mikropopulation beteiligt sein, die Kokken, Stäbchen und Spirillen nebeneinander enthält, wobei grampositive und gramnegative Formen nebeneinander bestehen. Sowohl die geringe Leistungsfähigkeit von Monokulturen im Vergleich mit den spontan verlaufenden Vorgängen als auch neuere Erkenntnisse über die Schlammbildung bei industriellen Abwässern weisen darauf hin, daß den verschiedenen Mikroorganismen sehr verschiedene Aufgaben zukommen, wobei ein Teil der Mikroflora die Cofaktoren bildet, die den für den eigentlichen Polysaccharidabbau wirksamen Organismen nötig sind. Voraussetzung ist natürlich immer, daß das Medium die benötigten Zufuhren an Stickstoff und Phosphor sichert.

Bei streng aeroben Vorgängen tritt die spontane Besiedelung mit Spalt- und Sproßpilzen stark zurück gegenüber der Besiedelung mit echten Mycelpilzen. Als charakteristisch seien die bekannten Erscheinungen der Rot- und Weißfäule des Holzes genannt, wobei z. B. Modelluntersuchungen mit den Polyporus-

Arten auch hier einen ungewöhnlich raschen Abbau zeigen. Hierbei handelt es sich um fermentative Oxydationen, bei denen nur ein geringer Teil des angebotenen Kohlenstoffs zum Aufbau neuer Zellsubstanz verwendet wird. Die Hauptmenge des Kohlehydrats wird in Wasser und CO_2 verwandelt. Die positive Wärmetönung solcher Reaktionen ist so groß, daß sie zumindest in Modellversuchen geradezu zur Raumheizung herangezogen werden kann.

Es zeigt sich also, daß auch die Polysaccharide den unterschiedlichsten biochemischen Reaktionen so leicht zugänglich sind, daß alle anderen Umsetzungen an und mit ihnen im Labor dagegen als behindert und äußerst träge anzusehen sind. Betrachtet man aber das bisher sich abzeichnende Ergebnis, so ist es für die Bildung der Kohlen äußerst unerwartet. Die Zerfallsprodukte sind bis auf die sekundären Neubildungen von Mikrozellsubstanz im überwiegenden Ausmaß CO_2, CH_4, andere Gase, H_2O und leicht wasserlösliche Substanzen, die aus dem Depot durch Niederschläge oder fließendes Wasser leicht und vollständig entfernt werden.

Hieraus folgt, daß die mengenmäßig am stärksten vertretene Stoffgruppe der Pflanzen, vor allem der höheren Pflanzen, an der eigentlichen Metamorphose von angesammeltem Pflanzenmaterial in Kohlen gar nicht mehr beteiligt sein kann. Diese Erkenntnis war so überraschend, daß sich viele Forscher in verschiedenartigen Versuchen über Jahrzehnte damit beschäftigt haben, andersartige Umsetzungen zu finden, die einen zwar völlig verwandelten, aber gewichtsmäßig bedeutenden Anteil der Kohlehydrate in das Depot überführen, welches dann weiteren Umwandlungen unterliegt. Diese Untersuchungen sind aber gegenüber dem umfangreichen Beobachtungsmaterial der hier beschriebenen Art so wenig überzeugend, insbesondere weil sie von den natürlichen Bedingungen stark abweichen, daß der Verfasser durchaus der erstmalig von SCHRADER ganz entschieden ausgesprochenen Hypothese zustimmt, daß Polysaccharide kaum am Aufbau der Kohlesubstanz beteiligt sind, sofern nicht wie in den Xyliten etwa geradezu fossile Cellulose als solche nachgewiesen werden kann. Ähnliches gilt natürlich für die Torfe.

In einigen Schaubildern sollen die an natürlichen Vorkommen deutlich erkennbaren Zeichen solcher bevorzugten Kohlehydratdegradation gezeigt werden, insbesondere da diese Schaubilder auch im nächsten Abschnitt eine bedeutende Rolle spielen werden. Es handelt sich einmal um einen aeroben, einen typisch anaeroben Holzabbau und einen Querschnitt durch ein Moorprofil. Absichtlich wurde dabei auf ältere Untersuchungen mit zurückgegriffen, um zu zeigen, daß solche Tatsachen schon lange bekannt sind, ihre Auswirkung auf die Hypothesen der Kohlebildung aber erst in neuerer Zeit erkannt worden ist (Abb. 2).

Auf einen wesentlichen Umstand muß noch aufmerksam gemacht werden: Vorgänge der hier beschriebenen Art setzen die Anwesenheit von Wasser voraus, wobei es sich nicht immer um eine Sumpf- oder Moorbildung handeln muß, sondern dieses auch als Quellungswasser in Hydrogelen vorliegen kann. Auf diese Zusammenhänge wird beim Lignin noch gesondert einzugehen sein. Hier sei aber schon erwähnt, daß das Vorhandensein von Wasser auch kolloide Vorgänge einleitet, die immer zu Hydrogelen führen. So konnte z. B. der Verfasser in eigenen Modellversuchen zum anaeroben Abbau der Cellulose finden, daß auch nach fast völliger Aufzehrung der verwendeten Baumwollwatte eine dunkel bis schwarz gefärbte Gelsubstanz verblieb, die aus höchst gequollenen Massen mit den Eigenschaften von Bakterienproteinen bestand, wobei der Gehalt an Trockensubstanz auffallend gering war. Auf ähnliche Erscheinungen wird aber später noch eingegangen.

Sind höhere Pflanzen unter deutlich ariden Bedingungen abgestorben, so hat sich ihre Struktur fast völlig erhalten, wie die vielfachen Funde an fossilen Hölzern deutlich zeigen.

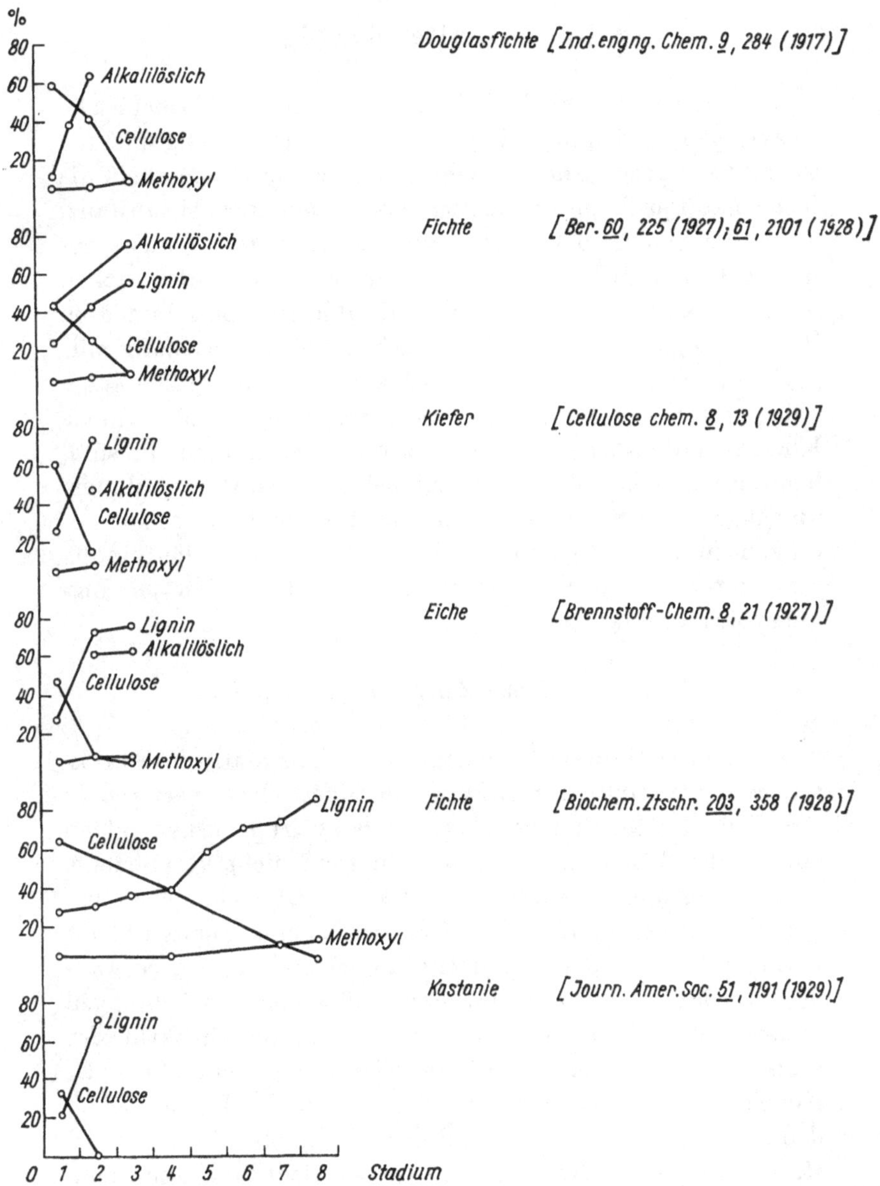

Abb. 2. Destruktion von Hölzern

3.2. Das Verhalten der Lignine

Die Lignine sind auch Umwandlungen durch biochemische Reaktionen zugänglich, die jedoch sicher einen völlig anderen Charakter haben. Die Kohlehydrate sind mit Sicherheit die Kohlenstoffquelle für den Aufbau von sekundärer Zellsubstanz, wobei die Summe der hierbei wirksamen Fermente aus einer multivalenten Mikropopulation eine Fülle von Reaktionen nebenbei bewirkt, zu denen auch die Bildung von sekundären Biomassen gehören kann. Die gleichen oder zwangsläufig mitgebildeten Fermentsysteme haben aber auf die Lignine einen völlig anderen Einfluß, wobei vor allem die Frage, ob auch sie Kohlenstoffdonatoren für einen sekundären Zellaufbau sind, bis heute offen ist. Während die biochemischen Umwandlungsvorgänge der Kohlehydrate unter aeroben und anaeroben Bedingungen im Endergebnis mindestens in bezug auf die Bildung sekundärer Biomassen verschieden sind, ist dies bei den Ligninen sicher völlig anders.

3.2.1. *Die aerobe Zersetzung der Lignine*

Vor allen bei Umwandlungen mit deutlich oxydativem Charakter, besonders unter Einwirkung von Mycelpilzen, verwandeln sich Teile des Ligninmoleküls in Carboxylgruppen und bilden eine in den lebenden und toten Pflanzen nicht vorhandene, neue Stoffgruppe, die *Huminsäuren.* Es ist nicht genau bekannt, ob dabei die Grundstruktur des Lignins erhalten bleibt und nur Seitengruppen oxydativ in Carboxylgruppen verwandelt werden. Jedoch deutet eine Fülle von Erscheinungen darauf hin, daß die Umwandlung tief in die Struktur des Ligninmoleküls eingreift. Charakteristisch ist vor allem die Kolloidnatur der Huminsäuren, die von der des Lignins schon dadurch deutlich abweicht, daß der hydrophile Charakter viel stärker ausgeprägt ist. Man geht sicher nicht fehl, wenn man unterstellt, daß bei allen aeroben Zersetzungsprodukten von Pflanzenmaterial, welche nennenswerte Mengen an Ligninen enthielt, der Träger der kolloiden Eigenschaften der neu entstehenden organischen Depots die Huminsäuren sind. Wie schon beim Torf erwähnt, ist dabei das Quellungsvermögen so groß, daß Trockengehalte von 10% ausreichend sind, um noch den Charakter einer festen Substanz aufrechtzuerhalten.

Die unmittelbare Verwandtschaft der Huminsäuren mit dem Lignin wird, wiederum vor allem bei aerobem Zerfall, besonders dadurch deutlich, daß anscheinend die Methoxylgruppen völlig erhalten bleiben.

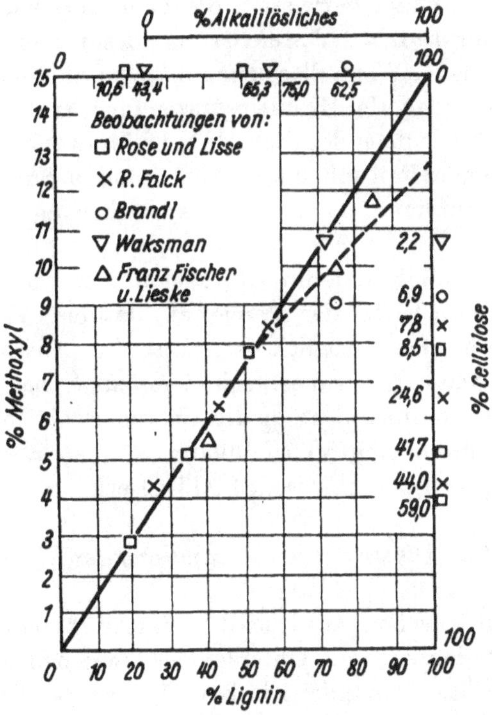

(Aus Walter Fuchs, Die Chemie der Kohle, Julius Springer, Berlin 1931, S. 43).

Abb. 3. Die Anreicherung des Lignins beim aeroben Holzzerfall nach Fuchs 1931

Abb. 3 zeigt deutlich, daß man diesen Methoxylgruppengehalt als Maß für die Degradation der pflanzlichen Substanz bzw. deren Gehalt an Huminsäuren heranziehen kann.

Es sei darauf aufmerksam gemacht, daß die direkte Bestimmung, z. B. in Form der gelösten Alkalisalze, auf mancherlei Schwierigkeiten stößt, da die Huminsäuren mit Sicherheit hochmolekular sind und nur kolloidlösliche Salze bilden. Auf die vielfältigen Untersuchungen, durch Substitutionen im Molekül Einblick in dessen Struktur zu gewinnen, kann hier nicht eingegangen werden.

Schließlich sei nochmals auf die oben bei der Cellulose gegebenen Schaubilder verwiesen, die beim aeroben Holzzerfall und im Moorprofil die Anreicherung dieser Substanzen sehr deutlich machen. Wenn diese auch offensichtlich vor allem auf das Verschwinden der Kohlehydrate zurückzuführen ist, so zeigen die Bilder doch deutlich, daß die Umwandlung der Lignine auf keinen Fall mit einem bedeutenden Substanzverlust verbunden sein kann, da sonst die Anreicherung nicht so groß wäre.

Diesen wie allen anderen Untersuchungen aus natürlichen Vorkommnissen haftet der Mangel an, daß eine Mengenbilanz grundsätzlich nicht möglich ist, weil der Ausgangszustand unbekannt war. Laboruntersuchungen an Sphagnum bestätigen allerdings zumindest qualitativ die Beobachtungen aus der Natur durch eine Mengenbilanz, können aber natürlich keinen Anspruch auf identischen Ablauf erheben.

3.2.2. *Die anaerobe Umwandlung der Lignine*

Oben wurde schon ausdrücklich darauf hingewiesen, daß einer der bedeutendsten Unterschiede zwischen Braun- und Steinkohlen das Vorhandensein bzw. Fehlen der Huminsäuren ist. Hieraus haben sich die verschiedensten Arbeitshypothesen hergeleitet, bis zu Annahmen, daß die Pflanzengemeinschaften, aus denen die Steinkohlen entstanden sind, keine Lignine gebildet hätten. Dem widerspricht aber, daß die noch heute lebenden Abarten selbstverständlich Lignine bilden und daher kaum Berechtigung zu der Annahme besteht, daß in den Wäldern des Carbons (vorzugsweise Sumpfwäldern) die Ligninbildung nicht wesentlich am Gerüstaufbau beteiligt gewesen sein soll.

Die Anzahl der Arbeiten, die sich mit der aeroben Destruktion des Lignins beschäftigen, ist sehr groß. Für den anaeroben Ligninabbau liegen nur wenige, meist beobachtende Arbeiten vor, noch weniger experimentelle Modelluntersuchungen im Laboratorium. So muß hier noch immer die Feststellung gelten, daß die Makromoleküle des genuinen Lignins gegen anaerobe Umwandlungsprozesse wesentlich resistenter sind als gegen oxydative. Sie bleiben mit Sicherheit nicht unverändert, jedoch erstreckt sich die Umwandlung auf wesentlich längere Reaktionszeiten als die oxydativen Umwandlungen und führt auch nicht zu einer so grundlegenden Umstrukturierung. Der aromatische Charakter des Grundmoleküls bleibt sicherlich weitgehend erhalten. Weiterhin ist wahrscheinlich, daß auch die Lignine in anaeroben Umsetzungen als Sauerstoffdonatoren fungieren können und somit selbst Reduktionsprozessen unterworfen sind. Hierbei konnte auch experimentell eine deutliche Abnahme der Methoxylgruppen beobachtet werden, so daß den Ligninen gerade die Gruppe verlorengeht, mit der sie in der Regel qualitativ und quantitativ nachgewiesen werden. Ein organisches Sediment, welches sich unter mehr oder weniger streng anaeroben Bedingungen gebildet hat, kann also durchaus beträchtliche Mengen von Makromolekülen enthalten, die sich vom Ausgangslignin nicht sehr erheblich unterscheiden, aber gerade durch das Fehlen der charakteristischen Seitengruppen nicht mehr als solches erkannt werden können. Offensichtlich werden auch die kolloiden Eigenschaften des Lignins hierbei deutlich im Sinne einer verstärkten Hydrophilie verändert, so daß in anaerob gebildeten organischen Sedimenten die Umwandlungsprodukte des Lignins auch in einem höheren Quellungszustand vorliegen, als sie aus der Pflanze her angeboten wurden. Dies trägt äußerlich zu einer weitgehenden Homogenisierung solcher Sedimente bei, ein Umstand, auf den später nochmals eingegangen wird.

3.3. Das Verhalten der Eiweißstoffe

Dem Verhalten der Eiweißstoffe bei den Fragen der biochemischen Primärumwandlung toten Pflanzenmaterials ist offensichtlich bis in die neueste Zeit hinein nicht hinreichende Aufmerksamkeit gewidmet worden. Aber gerade dieser Stoffgruppe muß nach Meinung der Chemiker die größte Bedeutung bei allen biochemischen Prozessen zugeordnet werden. Prinzipiell ist eine Einzelbetrachtung voranzustellen:

Ohne ein Angebot an Protein in den Zellinhaltsstoffen der toten Pflanzen wäre eine Besiedelung derselben mit Bakterien oder Pilzen wesentlich erschwert. Zellwand- und Zellinhaltsstoffe der Mikroorganismen bestehen aus Proteinen. Zu deren Synthese vermögen diese im Substrat angebotenen Kohlenstoff unterschiedlichster Herkunft zu utilisieren und ebenso Stickstoff aus sehr verschiedenen Bindungsformen, benötigen aber in ausreichendem Umfang auch P_2O_5. Die benötigten Mengen nehmen in der genannten Reihenfolge ab. Von den toten Pflanzen wird dabei Kohlenstoff in erheblichem Überschuß angeboten, so daß dieser, wenn er nur in das Substrat überführt werden kann, sofort ausgezeichnete Voraussetzungen für eine umfassende Zellsubstanzsynthese schafft. (Auf solchen Prinzipien baut sich die heute so schnell vorwärtsschreitende Entwicklung der biochemischen Verfahrenstechnik auf, die in zunehmendem Maße die Zellsubstanzsynthese in der Gewinnung der Biomassen zum Gegenstand hat.)

Dabei geht die Utilisierung des angebotenen Kohlenstoffs, insbesondere wenn dieser als Polysaccharid vorliegt, über eine

Reihe sehr komplexer Simultanreaktionen, die durch die Fermentsysteme der Mikroorganismen ausgelöst werden, zunächst zu einer Hydrolyse zu einfachen Zuckern oder Säuren und macht diese dann im Substrat der direkten Utilisation zugänglich. Dabei können erhebliche Mengen des angebotenen Kohlenstoffs in Form von CO_2 veratmet werden, so daß schließlich nur ein Bruchteil in neuen Zellsubstanzen vorliegt.

Grundsätzlich sind also immer Bedingungen gegeben, bei denen der biochemische Primärprozeß dazu führt, daß eine erhebliche Verschiebung der Stoffgruppenverteilung gegenüber dem angebotenen Primärmaterial stattfindet, wobei eine Vermehrung des Proteinanteils gegenüber dem Ausgangsmaterial eintritt, die anderen Stoffgruppen auf dessen Kosten abgereichert werden oder, da biologisch sehr unzugänglich, wie die Wachse und Harze, erhalten bleiben. Die Ursache dafür ist die Zellsubstanzsynthese durch Pilze und Bakterien, die zu einer mehr oder weniger großen Anhäufung von Biomassen führt. So ergibt sich als weitere Frage, ob hierbei auch bedeutende Unterschiede zwischen aeroben und anaeroben Vorgängen bestehen.

3.3.1. *Eiweiß unter streng aeroben Bedingungen*

Es ist heute, insbesondere aus den biologischen Wasseraufbereitungsanlagen her, bekannt, daß die Zellsubstanzsynthese besonders schnell erfolgt. Jedoch darf man daraus nicht ohne weiteres ableiten, daß etwa auch eine rasche Ansammlung von Biomassen eine unmittelbare Folge ist. Die wiederum als tote Zellsubstanz in Form stark hydrophil gequollener Proteine anfallende Biomasse ist nur bedingt ein Ergebnis der direkten Utilisierung der angebotenen Kohlenstoff- und Stickstoffverbindungen. Neben den Fermentsystemen, die zur Utilisation der angebotenen C-Verbindungen führen, entsteht auch immer eine ausreichende Menge proteolytische Fermente, die zu einer

Reutilisation einer intermediär neu gebildeten Zellsubstanz führen, die schließlich zur Bildung von Proteinflocken nur dann endgültig führt, wenn einem System, das in bezug auf das Substratvolumen für die Reaktionsdauer als stationär angesehen werden kann, künstlich Sauerstoff zugeführt wird. Solche Bedingungen sind aber artifiziell und dürften natürlich kaum vorkommen. Aerober Zerfall setzt in der Natur immer einen Sauerstoffantransport von zwei Seiten voraus, einmal aus der Grenzfläche Luft- fest, bzw. flüssig, das andere Mal aus mit Sauerstoff gesättigtem Frischwasser. Demzufolge treten in einem dem aeroben Zerfall ausgesetzten Depot Vorgänge miteinander in Konkurrenz:

Der eine von ihnen ist die unter aeroben Bedingungen sehr schnell verlaufende Zellsubstanzsynthese, die unter stark vermehrter Enzymproduktion sehr schnell zu einer völligen Destruktion der Kohlehydrate und zu einer sehr schnellen oxydativen Umwandlung des Lignins führt, so daß aus diesen beiden Grundsubstanzen des angebotenen Pflanzenmaterials im wesentlichen ein Depot von Huminsubstanzen verbleibt.

Der andere Vorgang ist die laufende Abreicherung der neugebildeten Zellsubstanz durch die unvermeidliche Proteolyse, da die dabei gebildeten Aminosäuren oder Polypeptide als extrem wasserlösliche Substanzen von dem ständigen Wasserstrom, der das Depot unter aeroben Bedingungen durchwandern muß, abtransportiert werden.

Das Ergebnis dieser beiden Konkurrenzvorgänge ist die Ausbildung eines Gleichgewichtes, das durch einen für solche Vorgänge charakteristischen Stickstoffgehalt der organischen Materie charakterisiert ist, wobei nicht nur die Grenzmenge, sondern auch die Bindungsart für einen solchen Vorgang typisch ist.

In Wäldern, Mooren und auch verschiedenartigen Modellen bestätigen Analysen und biologische Untersuchungen weitgehend diese Hypothese, wenn auch noch Einzelheiten als unzureichend untersucht bezeichnet werden müssen.

3.3.2. *Eiweiß unter streng anaeroben Bedingungen*

Heute sind auch die Vorgänge bei der Bildung von Biomassen unter streng anaeroben Bedingungen verhältnismäßig gut bekannt. Auch hier erreicht die Zellsubstanzsynthese hohe Geschwindigkeitswerte. Dennoch ist sie nicht nur energetisch von der aeroben sehr verschieden. Vielmehr liegt der Hauptunterschied darin, daß der für die Zellsubstanzsynthese benötigte Sauerstoff aus dem Substrat entnommen werden muß, so daß hier ein grundsätzlich anderer Stoffwechselhaushalt einsetzt, der zur langfristigen Fixierung des primär gebunden angebotenen Sauerstoffs im sich umsetzenden Produkt führt und daher schnell ein Überangebot von Wasserstoff als Element in Freiheit setzt. Die Summe aller sich hierbei abspielenden Reaktionen verläuft reduzierend. Wiederum wird für die Zellsubstanzsynthese als Kohlenstoffquelle eine rasche Utilisation der Kohlehydrate eintreten, werden vorhandene Lignine stark verändert und wird eine starke Stoffgruppenverschiebung in Richtung der Proteine einsetzen. Dabei werden auch die unterschiedlichsten Rekombinationen des Proteins im Sinne des schon Beschriebenen einsetzen; aber stets herrschen Bedingungen, bei denen eine Abreicherung der intermediär gebildeten Aminosäuren oder Peptide kaum stattfinden kann, da ja dann ein Umschlag in aerobe Bedingungen eintreten müßte.

Hier braucht nicht näher erläutert zu werden, daß es in der Natur die vielfältigsten Voraussetzungen gibt, die einen praktisch anaeroben Zerfall als die allein mögliche Transformierungsmöglichkeit eines Primärangebotes an vegetabilischer Substanz zulassen. Eine zunehmende Durchforschung solcher Vorkommnisse hat erwiesen, daß sich dabei immer eine deutliche Anreicherung von Proteinen analytisch erfassen läßt, die unter geeigneten Voraussetzungen, insbesondere vom Ausgangsmaterial her, so weit führen kann, daß sich eine Biomasse absetzt, die analytisch durchaus im Kohlenstoff-Stickstoff-Verhältnis dem des Proteins entspricht. Jedoch hören offenbar an dieser Stelle die anaeroben biologischen Umwandlungsvorgänge nicht auf. Vielmehr unterliegt nun ein solches Substrat immer weitergehenden reduktiven biochemischen Prozessen, deren Einzelheiten zwar noch wenig bekannt sind, die aber durch eine zunehmende Decarbocylierung gekennzeichnet sind, zu immer größeren Molekülverbänden führen, hierbei ein Gel im Zustand höchster hydrophiler Quellung mit nur wenigen Prozenten Festsubstanz bilden und solche Depots in Mengen zu bilden vermögen, die weit größer sind, als dies früher angenommen wurde.

Äußerlich kennzeichnen sich solche Vorgänge durch eine starke Farbänderung der Depots. Bei oxydativer Umwandlung sind die entstehenden Massen fast immer mehr oder weniger tiefbraun gefärbt. Bei den deutlich anaeroben Depots ist dagegen die Farbe stets tiefschwarz. Seit dem älteren POTONIÉ hat sich für solche Bildungen der Name *Sapropel* eingebürgert, die wir somit als Bildungen bevorzugt anaerober biologischer Transformierung eines Primärangebots an vegetabilischer Substanz erkennen. Man kann fast behaupten, daß nur dann von *Sapropelen* gesprochen werden sollte, wenn der organisch gebundene Stickstoff sehr hoch ist und Werte erreicht, die bis an den N-Gehalt der Proteine herankommen.

Es bedarf hier nur noch der Erwähnung, daß die natürlichen Verhältnisse zwischen diesen Grenzen die verschiedensten Übergänge zulassen. So kann in einem stehenden Gewässer, um nur ein Beispiel zu nennen, von der Oberfläche her mit streng aeroben Bedingungen die Verarmung an Sauerstoff zur Tiefe hin zunehmend zum Übergang zu anaeroben Zerfallsvorgängen führen, die am Boden sogar streng anaerob sein können. Wird einem solchen Gewässer aber ständig vegetabilisches Material zugeführt, was in der verschiedensten Weise erfolgen kann, so bilden sich schließlich in allen Höhenlagen dieses Gewässers Sedimente, die sich am Boden sammeln, dort weiteren Umsetzungen unterworfen sind, aber schließlich doch als Depot ein Konglomerat aus aeroben und anaeroben Umwandlungsprodukten bilden, bei denen der eine oder andere Anteil überwiegen kann. Jedoch ist immer charakteristisch, daß dann Produkte einer primär streng aeroben Zersetzung sekundär in ein reduzierendes Medium geraten, bei dem noch immer ein stark biologisches Geschehen vorhanden ist, wobei der von den aeroben Produkten mitgebrachte gebundene Sauerstoff nochmals utilisiert werden kann bzw. durch direkte Reduktionsvorgänge abgereichert wird, so daß nur noch bedingte Identität mit den analogen Produkten eines streng aeroben Zerfalls vorliegt.

3.4. Wachse und Harze

Nach allen bisher vorliegenden Untersuchungen sind diese Substanzgruppen gegen eine biologische Umwandlung sicher nicht völlig resistent; sie werden aber wesentlich schwieriger angegriffen als alle anderen Substanzen in abgestorbenen Pflanzen. Wenn auch nur in geringen Mengen vorhanden, ist doch die Verbreitung dieser Stoffgruppe im Pflanzenreich sehr groß. Als Hinweis mag nur dienen, daß fast alle Blätter der höheren Gefäßpflanzen mit einer dünnen Wachsschicht überzogen sind. Bedenkt man nun, daß sowohl aerobe als auch anaerobe Zerfallsvorgänge zu einem fast völligen Verzehr der Gerüstcellulose führen, weitgehender Abbau der Ligninsubstanzen einsetzt, dabei aber die Wachse nur wenig angegriffen werden, so kann es nicht verwundern, daß diese Stoffgruppen in wenig veränderter Form isoliert werden können.

4. Die spezielle Genese der Kaustobiolithe

4.1. Allgemeines

Es bedarf hier zunächst der Erklärung, warum soviel Erläuterungen über den primären, biologischen Umwandlungsprozeß von vegetabilischem Material unter natürlichen Bedingungen gegeben wurden. Soll doch im nachfolgenden gezeigt werden, daß der Chemiker meint, die verschiedensten Formen der Kohlen ohne Zwangsannahmen aus diesen Vorgängen herleiten zu können. Er meint, dazu um so mehr genötigt zu sein, als die von ihm entwickelten Vorstellungen einen bedeutenden heuristischen Wert bei der chemischen Nutzung der Kohle entfaltet haben.

Die Umwandlung eines Depots aus pflanzlichem Material in Kohle beginnt also nicht bei dem Primärmaterial. Schon das Vorhandensein starker Strukturelemente deutet darauf hin, daß die für eine Umwandlung in Kohlen notwendige biologische Transformation nicht in ausreichendem Umfang stattgefunden hat. Die Strukturelemente sind echte Fossilien und unterscheiden sich von ihrer Umgebung dadurch, daß sie durch mineralische Infiltrationen versteinert worden sind oder aber in ihrer Zusammensetzung der Primärsubstanz viel näher stehen als die sie umgebende Kohlesubstanz. Somit wird postuliert, daß alle Annahmen, und um solche handelt es sich nun im wesentlichen, über die eigentliche Bildung der Kaustobiolithe von den Depots ausgehen müssen, die sich unter aeroben oder gemischten Bedingungen aus pflanzlichem Primärmaterial gebildet haben. Der vorige Abschnitt hatte daher die Aufgabe, diese Depots so zu charakterisieren, daß deutlich wird, wie weit sie von dem Primärmaterial in der Stoffgruppenverteilung und der chemischen Zusammensetzung abweichen, ja, wie weit sogar ihre physikalischen Zustände von denen des Primärmaterials deutlich verschieden sind.

Auf diesen physikalischen Zustand muß nochmals hingewiesen werden. Er ist durchweg dadurch charakterisiert, daß die Umwandlungsprodukte gleichfalls Makromoleküle im strengen Sinne sind, daß aber deren hydrophile Eigenschaften wesentlich größer sind als die der Primärmaterialien; die Umwandlungsbedingungen hinterlassen sie in einem Zustand maximaler Quellung. Die Depots, die zur Bildung fossiler Brennstoffe geführt haben, waren also zunächst Gele im Zustand höchster Quellung.

Auf dieser Basis bieten sich die nachfolgenden Folgerungen dem Chemiker fast als selbstverständlich an, wenn auch durch eine Reihe von Versuchen zur Bildung „*synthetischer Kohlen*" manche dieser Hypothesen erst Form gewonnen haben.

4.2. Die Torfbildung

Sie vollzieht sich auch heute noch sichtbar, meist unter einer Decke lebender Pflanzen. Sie ist ständiges Forschungsobjekt, allein schon um zunehmende Möglichkeiten der Rekultivierung solcher Moorflächen für die Agrarwirtschaft zu erschließen. Vielfach ist ein Moorprofil auch ein deutliches Bild über die einzelnen Stadien der Verlandung eines stehenden Gewässers, wie es schon von POTONIÉ als ein charakteristisches Merkmal für die Untersuchung der Voraussetzungen zur Kohlebildung herangezogen wurde.

Es verdichtet sich heute die Anschauung, daß die Torfbildung ein Endstadium der Transformation eines vegetabilischen Ausgangsmaterials zu einem Kaustobiolith ist, welches dadurch gekennzeichnet ist, daß nach dem Erlöschen der biologischen Primärvorgänge nur noch ein kolloidchemischer Vorgang einsetzt, der durch eine langsam verlaufende Entquellung des Gels eingeleitet wird. Mit ihm ist eine Stabilisierung der makromolekularen Umwandlungsprodukte verbunden, bei denen Umsetzungen der Carboxylgruppen zu Säureanhydriten, echte

Decarboxylierungen und weitere Dehydratisierungen direkt beobachtet werden können. Die extrem hohe Quellung kann offensichtlich metastabile Zustände längere Zeit erhalten, die sogar in sehr alten Torfen noch aufgefunden werden. Jedoch verbleibt ein Hydrogel mit einem extrem hohen Wassergehalt, das äußerlich eine durchaus kompakte Form annehmen kann.

Auch die Überdeckung mit sandigen Schichten verändert diesen Zustand kaum, höchstens in dem Sinne, daß eine mechanische Verdichtung merklich wird.

Da nach der biologischen Umwandlung des Ausgangsmaterials offenbar kaum noch bedeutende chemische Vorgänge stattfinden, die tiefgreifende Folgeprozesse auslösen können, sind die Torflager auch recht uneinheitlich. Die Stratigraphie eines Torflagers läßt fast immer unmittelbare Rückschlüsse auf die zeitliche Folge von Pflanzengemeinschaften zu, die das Lager aufgebaut haben (Abb. 4).

4.3. Die Bildung der Braunkohlenlager

Für das Vorkommen der Braunkohlen ist zwar charakteristisch, daß wohl alle bekannten Vorkommen beträchtlich älter sind las die Torfvorkommen, daß es aber im übrigen kein charakteristisches Erdzeitalter für die Bildung von Braunkohlenlagerstätten gibt. Ähnliches gilt für die örtliche Verteilung der Braunkohlen. So sind beispielsweise die Braunkohlen des Moskauer Beckens wesentlich älter als die meisten Steinkohlen, während die deutschen Braunkohlen vorzugsweise aus dem Tertiär stammen.

Man kann fast mit Sicherheit annehmen, daß die biologische Transformation des Primärmaterials ganz derjenigen analog verlaufen ist, die man heute in den Mooren unter einer Decke lebender Pflanzen noch beobachten kann. Natürlich kann hierfür kaum ein direkter Beweis erbracht werden, da die Braunkohlenlager fast steril sind und nur in seltenen Fällen noch

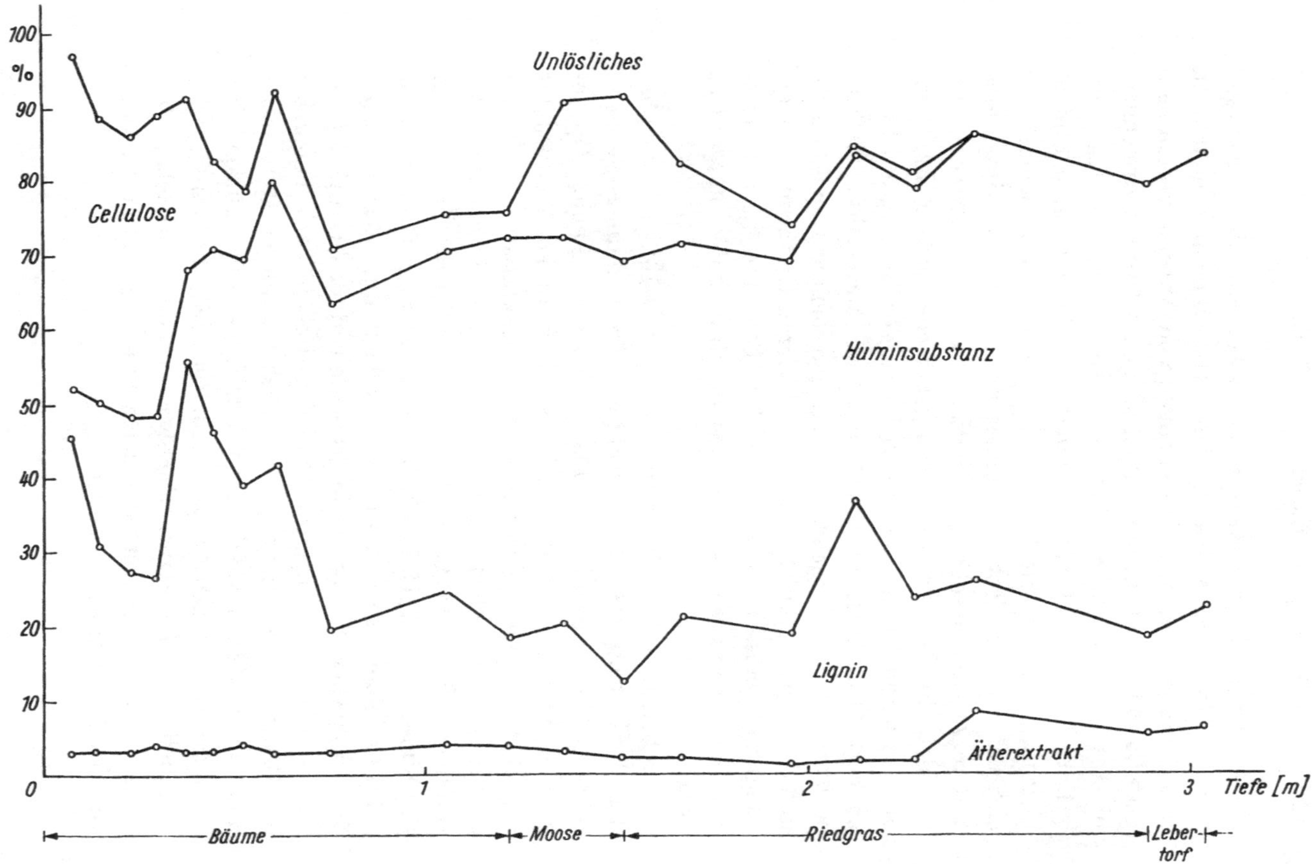

Abb. 4. Profil des Hawk-Island-Swamp-Meeres, Wisconsin, USA nach ODÉN

Dauerformen fluoreszierender Bakterien enthalten, während z. B. in Hochmooren bis zu Tiefen von 20 m und mehr noch immer ein massenhaftes Vorkommen von Aktinomyzeten festgestellt werden kann, um einmal Mikroorganismen zu nennen, die anaerob sicher überhaupt nicht existent sein würden.

Den Chemiker überrascht daher, daß die Braunkohle nicht gleichsam ein überalteter Torf ist, dessen Zusammensetzung sich von rezenten Torfvorkommen im wesentlichen durch eine andere Zusammensetzung der Pflanzengemeinschaften unterscheidet, die das Primärmaterial geliefert haben. Da z. B. im Senftenberger Gebiet ein autochthones Vorkommen mit Stubbenhorizonten auch ein recht brauchbares Material für die Einschätzung der Zeit gegeben hat, in denen sich das Depot bildete, und dieses wiederum durchaus mit anderen Erfahrungen übereinstimmt, müssen wohl noch andere Faktoren bei der Metamorphose eines solchen Depots in Braunkohle mitgewirkt haben.

Der bedeutendste Unterschied der Braunkohlen gegenüber dem Torf ist ihr kolloider Charakter. Während die Torfe, auch sehr alte Torfe, noch immer Übergänge zwischen einem Hydrogel und einem Xerogel darstellen, ist die Braunkohle unbedingt als ein starres Xerogel mit einer sehr charakteristischen Porenanordnung anzusehen. Der Übergang des biochemisch entstandenen Sekundärmaterials ist rein äußerlich durch einen gegenüber dem Torf deutlich herabgesetzten Quellungsgrad gekennzeichnet, so daß die Braunkohlen nur noch zwischen 50 und 30 Gew.-% Wasser in grubenfeuchtem Zustand enthalten. Alle Erscheinungen der halbplastischen Verformung bei der Brikettierung können bekanntlich auf diesen Gelzustand und seine weitere Veränderung durch Trocknung zurückgeführt werden. Wir wissen heute zumindest, daß der Einfluß der Entquellung auf die Brikettiereigenschaften erheblich größer ist als der früher hierfür postulierte Mindestgehalt an Bitumen und dessen Zusammensetzung.

In diesem Zusammenhang scheint dem Chemiker die von McKenzie-Taylor gemachte Beobachtung, nämlich daß Braunkohlen immer nur unter tonigen Deckschichten angetroffen werden, nicht hinreichend beachtet zu sein. McKenzie-Taylor hat schon darauf hingewiesen, daß die Huminbestandteile der Braunkohle alle Eigenschaften eines Ionentauschers haben, eine Tatsache, die heute schon in vielfältiger Form genutzt wird oder deren Nutzung zumindest angestrebt wird. McKenzie-Taylor stellt die Hypothese auf, daß zwischen den Ionentauschern Ton und Huminsäure aus dem biochemisch umgewandelten Pflanzendepot eine vielfältige Wechselwirkung einsetzt, deren Endergebnis die salzartige Bindung von Kationen wie Ca, Mg, Fe und von Spurenelementen ist. Sicher ist dieser Vorgang nicht so einfach zu deuten, wie sich dies McKenzie-Taylor zunächst vorgestellt hat. Vielmehr wird die dauernde Durchflutung der Lagerstätte mit Untergrundwässern sehr verschiedener und über die Zeit wechselnder Zusammensetzung im wesentlichen die Kationen zugeführt haben. Ihre Bindung an die Huminsäuren steht aber sicher in direktem Zusammenhang mit den Ionentauschereigenschaften des Deckgebirges und ist zumindest durch dieses eingeleitet worden, da wir heute wissen, daß die Huminsäuren nicht ein Proton direkt gegen andere Kationen tauschen können, ihre Säurestärke aber nicht ausreicht, um Carbonate zu zersetzen. An solche Primärvorgänge hat sich dann sicher eine Reihe anderer Umsetzungen der Kohlesubstanz mit Infiltrationen angeschlossen, bei denen vor allem die Reduktion der Sulfate eine wichtige Rolle spielt. Die heute in den Braunkohlen angetroffene Asche ist also sehr komplex zusammengesetzt und erlaubt nur noch bedingt Rückschlüsse auf den primären Bindungsmechanismus. Jedoch sprechen starke Argumente dafür, daß der Übergang von einem biochemisch transformierten Depot pflanzlichen Materials in Braunkohle als kolloidchemischer Prozeß vor allem durch die Bindung bestimmter Mengen von zweiwertigen Kationen in

Salzform an die Huminsäuren eingeleitet wurde. Die Entquellung führt auch hier zur Beseitigung metastabiler Zustände, so daß Dehydratisierung und Decarboxylierung mit zunehmendem Alter zunehmend fortgeschritten sind.

Nach Auffassung des Chemikers sind daher Braunkohlen solche Kaustobiolithe, bei denen das pflanzliche Primärmaterial einer sehr betont aeroben biochemischen Transformation unterworfen war. Diese führt bis auf seltene Ausnahmen (xylitische Kohlen) zu einer fast völligen Degradierung der Cellulose, einer oxydativen Verwandlung des Lignins in Huminstoffe und durch die absolute Stoffverminderung zu einer Anreicherung von Wachsen und Harzen. Das dabei entstandene Hydrogel *muß* mit tonigen Schichten überdeckt werden, um durch partielle Salzbildung an den Huminsäuren einen für die Bildung von Braunkohlen charakteristischen Entquellungsprozeß einzuleiten, der mit zunehmender Entquellung auch die metastabilen Zwischenprodukte des biologischen Abbaus durch Dehydratisierung und Decarboxylierung zunehmend stabilisiert. Damit erreicht die Metamorphose ihren Abschluß. Eine weitere Alterung führt höchstens zu einer weiteren Entwässerung, aber niemals zu einer charakteristischen Änderung des Materials bezüglich seiner chemischen Zusammensetzung und seines kolloiden Verhaltens.

Eine solche Hypothese hat den Vorteil, daß sie mit dem heute weitgehend bekannten Verhalten der Braunkohlen bei ihrer weiteren Verwertung in allen Punkten übereinstimmt. Nicht nur die großen Fortschritte in der Brikettierung werden durch die kolloiden Eigenschaften verständlich gemacht, sondern vor allem auch das charakteristische Verhalten bei der thermischen Zersetzung, gleichgültig, ob im Schwel- oder Verkokungsprozeß. Die entstehenden Zersetzungsprodukte gehen auf die Huminstoffe und die Wachse und Harze als Ausgangsmaterialien zurück und sind durch den Gehalt an Sauerstoffverbindungen im Teer ebenso gekennzeichnet wie durch den

Gehalt erheblicher Mengen niederer Fettsäuren im Schwelwasser, der so groß ist, daß diese in der Regel deutlich sauer reagieren. Zwar spalten einige Kohlen auch ausreichende Mengen Ammoniak ab, um ein eben basisches Schwelwasser zu ergeben, jedoch liegen dann die gleichen Fettsäuremengen als Ammonsalze vor. (Unten wird sich zeigen, daß wahrscheinlich in solchen Fällen anaerobe Zersetzungsvorgänge des Primärmaterials einen meßbaren Anteil an dessen Transformation gehabt haben.) Die Braunkohlen lassen sich leicht durch Hydrierung umwandeln, was wiederum dadurch bedingt ist, daß die in der Kohlesubstanz gebundene Sauerstoffmenge leicht Angriffspunkte für den Wasserstoff bildet. Demnach kann die Hydrierung schon unter milden Bedingungen, um 400 und 300 atm H_2-Druck, erzwungen werden. Es ließen sich noch zahlreiche weitere Beispiele anführen, vor allem das Verhalten des Bitumens und seiner Eigenschaften, die aber hier nicht weiter ausgeführt werden sollen.

Wichtig erscheint nur nochmals die Feststellung, daß die Braunkohle ein Endzustand ist. Selbst bei thermischen Einflüssen im Untergrund findet höchstens eine Umbildung im Sinne eines Druckschwelungsproduktes statt. Es gibt aber nach Meinung des Chemikers keine Übergänge von Braunkohle zu Steinkohle, bei denen der Übergang durch Sekundärvorgänge an einer Braunkohle herbeigeführt worden ist, wobei Alter Gebirgsdruck und Temperatur die entscheidenden Parameter gewesen wären.

4.4. Die Bildung der Steinkohlenlager

Die Mehrzahl der Hypothesen über die Genese der Steinkohlen versucht sich noch immer vor allem mit der Tatsache auseinanderzusetzen daß praktisch alle Steinkohlen in gestörten Gebirgen vorkommen, so daß über den geologischen Zeitraum ihrer Entstehung mit Sicherheit erheblicher Gebirgsdruck auf sie eingewirkt hat, dessen teilweise Umwandlung in fühlbare Wärme zumindest durchaus wahrscheinlich ist. Demzufolge standen auch bei der experimentellen Herstellung der „synthetischen Kohlen“ immer Untersuchungen im Vordergrund, bei denen durch thermische Umwandlung unter Hochdruck in Gegenwart von Wasser eine Transformation von biologisch schon transformiertem Ausgangsmaterial oder von Modellsubstanzen Produkte ergeben sollte, die nach Elementarzusammensetzung und Verkokungsverhalten den natürlichen Steinkohlen sehr ähneln sollen. Vorzugsweise hat hier in neuerer Zeit die Frage interessiert, ob und durch welchen Mechanismus die schon in der Kohle offensichtlich ausgeprägte Aromatenstruktur erklärt werden kann, während die älteren Arbeiten sich vor allem darauf konzentrierten, eine Erklärung für das von der Braunkohle völlig abweichende Verkokungsverhalten zu finden.

Die hier gegebene Darstellung, die wiederum versucht, von einem Minimum von nur schwer oder gar nicht nachprüfbaren Annahmen auszugehen, geht vor allem auf die Arbeiten von TERRES und Mitarbeitern zurück und findet durch spätere Ergebnisse manche Ergänzung.

Weiterhin geht sie davon aus, daß die Steinkohlen mit viel größerer Deutlichkeit als limnische Bildungen erkannt werden können als etwa die Braunkohlen, von denen sehr große Vorkommen eindeutig terrestrische Bildungen sind. Weiterhin weisen viele Einzelheiten aus der Kenntnis der Steinkohlenflora darauf hin, daß es sich hierbei um eine Sumpfwaldflora in brackigen Gewässern gehandelt haben dürfte.

Eine dabei üppig wachsende Flora wird in ihren absterbenden Teilen sehr schnell unter einen ständig vorhandenen und offenbar nicht durch starken Fluß gekennzeichneten Wasserspiegel befördert, so daß schon das primäre Stadium der biologischen Dekomposition nur noch bedingt oder gar nicht mehr unter aeroben Bedingungen stattfindet, zumindest aber unterschiedliche Vorgänge des anaeroben Abbaues von Beginn an signifikant beteiligt sind. Hier beginnen also neben den Abbauvorgängen der Kohlehydrate, die gleichzeitig der Energielieferant für die anaerobe Dekomposition sind, weitere Destruktionen des Lignins und, wie aus diesem Grunde oben besonders erörtert wurde, ein umfassender Proteinab- und -wiederaufbau, der zur ständigen Anreicherung von Endprodukten der ungelenkten Bildung von Biomassen führt, die fraglos unter dem Namen Sapropel richtig zusammengefaßt werden. Die Metamorphose von pflanzlichen Ausgangsstoffen zu Steinkohlen wird also durch eine direkte und unmittelbare Bildung von sapropelitischen Anteilen im Sediment schon in der primären Phase der Degradoatin der Pflanzen eingeleitet und nicht in einem späteren Stadium der geologischen und geotektonischen Beeinflussung des primären Sediments vollzogen. Alle noch in irgendeiner Form strukturierten Reste des pflanzlichen Materials werden mehr oder weniger schnell in eine offensichtlich wechselnde Menge sapropelitischen Materials eingebettet, dessen Viskosität in hochgequollenem Zustand so groß ist, daß eine bemerkenswerte Sedimentation nach spezifischem Gewicht nicht mehr eintreten kann, zumal die destruktiven Vorgänge an den Gerüstbestandteilen der Pflanzen diese gleichfalls in Hydrogele verwandeln, deren spezifisches Gewicht von der sie umhüllenden Sapropelmasse kaum verschieden ist. Daß sich bei solchen Vorgängen organische Sedimentlager von Mächtigkeiten bilden können, die denen der Braunkohlenbildung in keiner Weise nachstehen, haben die neueren Forschungsarbeiten über die Bildung der großen Flußdelten mehrfach erwiesen. Nach Abschluß der biologischen Umformung, die offenbar schon über sehr lange Zeiten läuft, unterliegt ein solches Depot einer Reihe weiterer Umwandlungsvorgänge, bei denen zunächst auch die Dehydratisierung im Vordergrund steht. Sie ist sicher mit einer Reihe chemischer Umsetzungen verbunden, die vor allem die Vergrößerung der Molmassen der sapropelitischen Primärprodukte mit enthält, wobei neben Kondensationsreaktionen auch Ringbildungen und verschiedene andere Reaktionen mit Heteroatomen diskutiert werden können.

Die Hauptfrage dabei bleibt, wie sich dann die für die Steinkohlen so kennzeichnende Streifenbildung bei einer solchen Vorstellung erklären läßt. Hier bietet sich dem Chemiker eine Erklärung an, die er auch bei völlig anderen Kolloiden experimentell herbeiführen oder als spontan verlaufenden Vorgang beobachten kann. Hat der Entwässerungsvorgang des Gels einen bestimmten Grad erreicht, so zeigt das Gel ein anomales Verhalten, wenn es aus an sich heterogenen Bestandteilen zusammengesetzt war. Es findet eine Synärese statt, bei der durch Separation in mehrere aufeinander folgende Schichten eine Ausbildung von deutlich getrennten Phasen im Gel eintritt, in denen die verschiedenen Bestandteile desselben einen verschiedenen Anreicherungsgrad aufweisen, ohne daß eine völlige Trennung nach Substanzgruppen gleichzeitig auftreten muß.

Bei einer Betrachtung der Ähnlichkeit und Abweichungen zwischen Durit und Vitrit bietet sich zumindest für die Ausbildung dieser Schichten eine solche Erklärung ebenso an wie alle übrigen bisher diskutierten Möglichkeiten und hat keineswegs eine geringere Wahrscheinlichkeit für sich. Lediglich die Fusitbildung ist in eine solche Vorstellung schwer einzuordnen.

Dieses gilt aber fast ebenso wie für alle anderen Vorstellungen über die Streifenbildung, so daß sicher mit hinreichender Berechtigung noch immer versucht wird, experimentelle Beweise dafür zu erhalten, daß die Fusitbildungen das Relikt von ausgedehnten Waldbränden sind. Hierfür spricht auch, daß die Fusitschichten keineswegs regelmäßig mit den anderen petrographischen Bestandteilen abwechseln.

Für die Annahme einer synäretischen Trennung des Gels in zumindest zwei Schichten (den duritischen und den vitritischen Anteil bei der Alterung) spricht auch der Tatbestand, daß die eigentliche Metamorphose in Steinkohlen sicher durch eine Überdeckung der sapropelitischen Primärmaterialien eingeleitet wird. Damit wird auf das Ausgangsmaterial ein zunehmender Gebirgsdruck ausgelöst, der vor allem durch geotektonische Vorgänge (alle Steinkohlen finden sich in verworfenen Gebirgen) wesentlich erhöht wurde. Eine solche Druckerhöhung auf ein instabiles Hydrogel mit heterogener Zusammensetzung erhöht aber die Neigung zu synäretischen Trennvorgängen beträchtlich, wie man sie vor allem aus der Verarbeitung von weichgestellten Plasten unter hohen Verarbeitungsdrucken in neuerer Zeit zunehmend kennenlernt (Austreten der sog. Extender).

Eine derartige Hypothese über die Bildung der Steinkohlen hat gegenüber den bisher diskutierten Vorstellungen mancherlei Vorteile: Zunächst macht sie keinerlei Annahmen über irgendwelche extremen Bedingungen, die eigentlich an anderen Vorgängen in der Erdkruste erkennbar sein müßten, aber im Zusammenhang mit der Kohleerforschung bis heute nicht verifiziert werden konnten. Weiterhin gibt sie sofort eine Erklärung dafür, daß in den verschiedenen Steinkohlen offensichtlich sehr wärmeempfindliche Stoffe auch heute noch immer vorhanden sind, deren Eigenschaften mit der jeweils einwirkenden geothermischen Tiefenstufe nicht im Widerspruch stehen. Weiterhin nimmt sie darauf Rücksicht, daß bei noch immer in den Spaltprodukten ausreichender Ähnlichkeit, auch in bezug auf die bevorzugte Abspaltung des Stickstoffs als NH_3, die Schmelzbarkeit der Strukturbestandteile Durit und Vitrit bei der thermischen Zersetzung durchaus verschieden ist und vor allem auch die Viskositäts-Temperatur-Abhängigkeit bei diesen Schmelzvorgängen nunmehr eine zwanglose Erklärung insofern findet, als bei der Synärese eine unterschiedliche Verteilung des sapropelitischen Anteils dem Vitrit einen mehr bituminösen, dem Durit einen mehr heterogen zusammengesetzten Charakter erteilt hat.

Die unterschiedliche Löslichkeit in organischen Lösungsmitteln, gegebenenfalls unter Druck und teilweise thermischer Spaltung, läßt sich in eine solche Vorstellung ebenso einordnen wie die verschiedene Verteilung der an die Kohlesubstanz gebundenen Asche, die verschiedenen Dichten der Streifenbestandteile, ihre Unterschiede zwischen den einzelnen Kohlevorkommen und damit auch die Tatsache, daß die Streifung zwar generell vorhanden ist, aber die Streifen von Lagerstätte zu Lagerstätte nur bedingte Identität in der Zusammensetzung aufweisen und daher petrographisch von den Haupttypen noch unterschiedliche Abweichungen und Untergruppen vorhanden sind. Die Synärese ist also ganz offensichtlich nicht immer gleichförmig erfolgt und auch durch die Heterogenität des Primärgels mit beeinflußt.

Ebenso zwanglos läßt sich aber in eine solche Vorstellung einarbeiten, daß Lagerstätten, in denen sapropeltiisches Material praktisch alleiniger Depotbildner war, zu nicht sterifigen Kohlen mit Sondercharakter geführt haben, wie dies bei den BOGHEAD- und CANNEL-Kohlen der Fall ist.

Mit allen Untersuchungen über die chemische Weiterverarbeitung der Steinkohle, vor allem die Hydrierung bei extremen Wasserstoffdrucken, stehen diese Vorstellungen gleichfalls nicht im Widerspruch, sondern haben sich eher als ein brauchbarer Leitfaden für die technische Durchführung solcher Arbeiten erwiesen, vor allem, indem aus ihnen summarisch abgeleitet werden kann, daß hydrierende Spaltung erst bei ähnlichen Bedingungen erwartet werden kann, bei denen auch Peche und Erdölbitumina solchen Reaktionen zugänglich sind.

Der Chemiker ist also, um nochmals zusammenzufassen, geneigt, die Metamorphose von pflanzlichen Ausgangsstoffen zu Steinkohlen nach deren biologischer Degradation schon in das biologische Stadium der Degradation zu verlegen, hier die starke Beteiligung von anaeroben Zersetzungsvorgängen als den entscheidenden Unterschied gegenüber der Braunkohle anzusehen und die Wesensmerkmale der Steinkohle dadurch präformiert zu finden, so daß durch Sekundärvorgänge ein Übergang zwischen den beiden Typen von Kaustobiolithen nicht möglich ist.

Interessant ist in diesem Zusammenhang noch die Tatsache, daß man offenbar in allen Fällen einer thermischen Sekundäreinwirkung an den davon betroffenen Lagerstätten alle Merkmale einer Verkokung unter hohem Druck nachweisen kann, wofür die Arbeiten von GROPP und BODE ein besonders solides Beispiel bilden.

5. Ausblick auf die Erdölbildung

Fast unmittelbar bietet sich hier noch die Frage an, ob und welche Beziehungen zur Erdölbildung bestehen. Auf diese auch heute noch immer stark untersuchte Frage soll hier nicht näher eingegangen werden. Lediglich soll dahin eine Meinung ausgesprochen werden, daß natürlich zwischen Fragen der Erdölbildung und solchen der Steinkohlenbildung von chemischer Sicht her viel engere Beziehungen bestehen als etwa bei gleicher Fragestellung zwischen Braunkohle und Erdöl. Damit wird auch ausgesprochen, daß mehr als genetische Beziehungen zwischen Erdöl und Steinkohle bestehen und auch die chemische Zusammensetzung der Steinkohlen oder zumindest von Anteilen derselben mit Anteilen des Erdöls wesentlich größer ist, als bisher angenommen wurde.

Eine nähere Antwort auf solche Fragen wird insbesondere dann möglich sein, wenn die Erforschung des Bitumens in den Erdölen über den heutigen Stand hinaus wesentliche Fortschritte gemacht hat. Sie legt dann aber auch bald die Frage nahe, ob es nicht wesentlich direktere Übergänge von der Steinkohle zur Chemiewirtschaft gibt, als die heutigen Möglichkeiten über Verkokung und Teer und Gasnutzung sie schon eröffnet haben.

Die bisherigen Ergebnisse einer auf diesem Gebiet stetig ausgeübten Grundlagenforschung sind so vielseitig und in ihrer Nutzung so deutlich, daß man wohl annehmen darf, daß eine weitere Verfolgung solcher Fragen schon allein deswegen einen ausreichenden Platz in der Forschung behalten wird, weil die Zeit der umfassenden Nutzung des Erdöls gerade besonders geeignet erscheint, um Vorarbeiten für eine sich daran anschließende umfassende Nutzung der Steinkohlen als Chemiebasis durchzuführen.

Zusammenfassung

Unter Berücksichtigung der vielfältigen Literatur, die zu dem obigen Thema erschienen ist, wird versucht, einen kritischen Überblick über die Vorstellungen von der Genese der fossilen Brennstoffe, Torf, Braunkohle und Steinkohle, zu geben. Dabei kann von dem Schrifttum hier nur der zusammenfassende Teil im einzelnen zitiert werden [1].

Aufgabe dieser Übersicht war vor allem, den heuristischen Gehalt der bisher vorliegenden Forschungsergebnisse darzulegen.

LITERATUR

[1] Bone, A. W., und W. G. Himus, Coal: Its Constitution and uses Lomgman Green & Co., London, New York, Toronto, 1936

[2] Duparque, A., Structures microscopiques des charbons du Basni Houiller du Nord et du Pas de Calais. Mém. Soc. géol. Nord **11** (1933)

[3] Fuchs, W., Die Chemie der Kohle. Julius Springer, Berlin, 1931

[4] Gothan, W., Kohle. Ferdinand Enke, Stuttgart, 1937

[5] Hickling, H. G. A., Proc. South Wales Inst. Engr. **46** (1930), 911–51; Fuel **10** (1931), 212–31

[6] Krevelen, D. W. van, und S. Schuyer, Coal Science. Elsevier, Amsterdam, 1957

[7] Leonhard, K. C. von, Lehrbuch der Geonosie und Geologie. Schweizhart, Stuttgart, 1835

[8] Moore, E. S., Coal. John Wiley & Sons, New York, 1940

[9] Muck, F., Grundzüge und Ziel der Steinkohlenchemie. Bonn, 1831

[10] Die Chemie der Steinkohle. Engelmann, Leipzig, 1891

[11] Potonié, H., Die Entstehung der Steinkohle und der Kaustobiolithe. Gebr. Borntrager, Berlin, 1935

[12] Stach, E., Lehrbuch der Kohlenpetrographie. Gebr. Borntraeger, Berlin, 1935

[13] Stadnikoff, G., Die Entstehung von Kohle und Erdöl. Ferdinand Enke, Stuttgart, 1930

[14] Die Chemie der Kohlen. Ferdinand Enke, Stuttgart, 1931

[15] Stevenson, J. J., Proc. Amer. philos. Soc. **50** (1911) 1–116, 519–643; **52** (1913), 31–162

[16] Stopes, M. C., und R. V. Wheeler, Constitution of Coal. Dept. sci. ind. Res., Monograph, London, 1918

[17] STÜTZER, O., Kohle: allgemeine Kohlengeologie. Gebr. Borntraeger, Berlin, 1923

[18] THIESSEN, R., Proc. Fuel Engrs. Conf. Appalachian Coals Inc. **4** (1936/37), 201–79

[19] WHITE, D., The carbonaceous sediments in Treatise on Sedimentation. William & Wilkins, Baltimore, 1926

[20] WHITE, Dr., und R. THIESSEN, U. S. Bur. Mines Bull. **38** (1913)

Schriftenreihe des praktischen Geologen

Herausgegeben
im Auftrage der Staatlichen Geologischen Kommission
und der
Zentralen Vorratskommission für mineralische Rohstoffe
der Deutschen Demokratischen Republik
von
E. KAUTZSCH, F. STAMMBERGER und G. TISCHENDORF

In der „Schriftenreihe des praktischen Geologen" werden auf knappem Raum die neuesten wissenschaftlichen Erkenntnisse und die modernsten Methoden in der Lagerstättenerkundung behandelt, um sie schnell für die Praxis nutzbar zu machen. Die Schriftenreihe leistet damit einen wichtigen Beitrag zur Erfüllung der Aufgabe, die Wissenschaft unmittelbar als Produktivkraft wirksam werden zu lassen. Die einzelnen Bände behandeln wichtige, nach Schwerpunkten ausgewählte Spezialthemen und sind wertvolle Arbeitsmittel für alle in der Praxis tätigen Geologen. Die Schriftenreihe verdient insbesondere auch die Aufmerksamkeit unserer Hoch- und Fachschulen, da die gut ausgestatteten handlichen Bücher bestens geeignet sind, die Studenten mit den Problemen der praktischen Arbeit vertraut zu machen.

Bisher erschienen

Band 1
Friedrich Stammberger
Einführung in die Berechnung von Lagerstättenvorräten fester mineralischer Rohstoffe
1956. X, 153 Seiten — 78 Abbildungen — 9 Tabellen — 8°
Halblederin 7,50 DM (vergriffen)

Band 2
Fjodor I. Wolfson
Die Struktur der endogenen Erzlagerstätten
(Übersetzung aus dem Russischen)
Redaktion der deutschen Ausgabe und Vorwort
von Friedrich Stammberger
1960. XII, 148 Seiten — 76 Abbildungen — 8° — Halblederin 8,— DM

Band 3
Rudolf Meinhold
Erdölgeologie
Abriß und Perspektive der Entwicklung
1962. XII, 227 Seiten — 95 Abbildungen, davon 1 Falttafel — 20 Tabellen — 8°
Halblederin 25,50 DM

Band 4

Klaus Lehnert / Klaus Rothe

Geophysikalische Bohrlochmessungen

1962. XII, 300 Seiten — 102 Abbildungen — 25 Tabellen — 8° — Halblederin 33,— DM

Band 5

Michail A. Shdanow

Methoden der Berechnung von Lagerstättenvorräten an Erdöl und Erdgas

(Übersetzung aus dem Russischen)
Redaktion der deutschen Übersetzung und Vorwort
von Friedrich Stammberger

1963. XI, 172 Seiten — 18 Abbildungen — 29 Tabellen — 8° — Halblederin 22,— DM

Band 6

Alexander N. Snarskij

Die geologische Betreuung beim Bohren auf Erdöl und Erdgas

(Übersetzung aus dem Russischen)
Redaktion der deutschen Übersetzung: Friedrich Stammberger

1963. X, 204 Seiten — 80 Abbildungen — 26 Tabellen, davon 2 auf Falttafeln — 8°
Halblederin 22,50 DM

Band 7

Alexander N. Snarskij

Suche und Erkundung von Erdöl- und Erdgaslagerstätten

(Übersetzung aus dem Russischen)
Vorwort und Redaktion der deutschen Übersetzung
von Günter Dörnfeld

1963. X, 266 Seiten — 93 Abbildungen — 27 Tabellen, davon 1 Falttabelle — 8°
Halblederin 27,—DM

Band 8

Alexander N. Snarskij

Die geologischen Grundlagen des Abbaus von Erdöl- und Erdgaslagerstätten

(Übersetzung aus dem Russischen)
Redaktion der deutschen Übersetzung: Friedrich Stammberger

1964. IX, 279 Seiten — 91 Abbildungen — 26 Tabellen — 8° — Halblederin 20,— DM

Wir empfehlen Fortsetzungsbezug der Reihe durch eine Buchhandlung

AKADEMIE-VERLAG BERLIN

FSC
www.fsc.org
MIX
Papier | Fördert gute Waldnutzung
FSC® C083411

Zeitfracht Medien GmbH
Ferdinand-Jühlke-Straße 7
99095 Erfurt, Deutschland
produktsicherheit@kolibri360.de